我的家装 STYLE

理想·宅 编

三代人的幸福世界

U0264847

 化学工业出版社

·北京·

图书在版编目(CIP)数据

我的家装STYLE.三代人的幸福世界 ／ 理想·宅编.
— 北京 ：化学工业出版社，2013.1
ISBN 978-7-122-16186-4

Ⅰ．①我… Ⅱ．①理… Ⅲ．①住宅－室内装修－建筑
设计－图集 Ⅳ．①TU767-64

中国版本图书馆CIP数据核字（2012）第312439号

责任编辑：王斌 邹宁　　　　装帧设计：骁毅文化

出版发行：化学工业出版社(北京市东城区青年湖南街13号　邮政编码100011)
印　　装：北京画中画印刷有限公司
710mm×1000mm　1/16　印张8 字数 100 千字　　2013年2月北京第1版第1次印刷

购书咨询：010-64518888（传真：010-64519686）　售后服务：010-64518899
网　　址：http://www.cip.com.cn
凡购买本书，如有缺损质量问题，本社销售中心负责调换。

定　　价：28.00元　　　　　　　　　　　　　　　　版权所有　违者必究

前言

PREFACE

随着社会的发展，人民的生活水平不断提高，装修已经成为现代都市人在买到房子后做的第一件事情。良好的家居氛围可以改变心情，使人们感到放松、舒适，抛除外界的烦扰，而氛围的改变需要依靠家居环境的装修和装饰。装修对于每个家庭来说，都是营造美好生活的一件大事，只有掌握其中的规律，才能少留遗憾，营造出温馨美满的家庭环境。

家庭成员不同，家居装修的要求当然也会有所不同。本套由理想·宅Ideal Home倾力打造的《我的家装STYLE》系列图书正是以家庭成员为出发点，以家庭常住人员的特点进行分类，使丛书的指向性更为明确、参考性更加具体。本套书共分为四册，分别为《一个人的专属之家》、《两个人的甜蜜爱巢》、《三个人的乐活美宅》、《三代人的幸福世界》。收录了最新、最优秀的适合一个人、两个人、三口之家以及三代同堂居住的家居空间装修的案例图片。丛书运用清新实用的文字介绍了各种最新的设计元素与实用知识，不仅提供了各种材料的特性、选购窍门等实用知识，而且对如何打造温馨、舒适的家居环境给出了诸多建议，从而使读者在最短的时间内轻松了解到适合自己的家庭装修方案，对广大业主来说有很高的参考价值。

本套丛书的特色之处在于书中使用了大量完整的实际案例和预算表，让读者翻阅起来一目了然，从而对自家的装修成本更清晰明确，进而为打造自己理想的住宅提供参考依据。

参与本书编写的有孙盼、李小丽、王军、李子奇、邓毅丰、刘杰、李四磊、孙银青、黄肖、肖冠军、安平、王佳平、马禾午、谢永亮、梁越。

CONTENTS

目录

P24

P47

上有长辈，下有儿女，什么样的家装能让三代人都觉满意呢？双亲**住得安稳**，孩子**住的快乐**，自己就会**住得舒心**吧。

风格设计

父母对子女不计回报地付出，在装修设计时，我们自然要为父母考虑得更多，老人一般喜欢沉稳、平和的氛围，三代同堂的装修，要多参考老人的喜好，选择和谐大气的风格，让老人住在其中身心都能感到放松。

ABOUT
中式古典风格

业主如是说： 非常喜欢中式风格，要求自己的书房也要体现浓浓的墨香之气。

设计师如是说： 中式木梁坡屋顶的造型吊顶，配合仿宫灯设计的水晶吊灯，再加上墙面的中式格栅装饰，营造出中式传统建筑的空间格局，同时传统中式实木家具更加凸显整个书房的中式氛围。

Chinese Classical Style
C中式古典风格

中式古典风格寻求家居与环境，人与自然的和谐共生，它将实用性与艺术性完美地结合在了一起，营造出了一种空间的华丽感和私密性。美轮美奂的家具放置其中，将皇家的气派推向了极致。

中式古典风格的色调选择

对于喜欢中国传统文化的人来说，喜欢上中式风格的装修是再自然不过的事了。很多中产阶层家庭都是该类风格的追随者。中式古典风格不是盲目追求过去的形式，而在于从在文化、历史、哲学上向古典致敬并传承它们。如果想体现中式古典家居的精髓，那么在颜色上一定要"沉"得下去，以深色的基调透出厚实感；不过也不宜过多，我们可以在墙面上用纯白或米白色来加以点缀。

中式古典风格的家具选择

一般来说，中式古典风格在大户型——面积为200平方米左右的房型中会有很大的发挥空间。中式风格的装修大多以直线条为主，空间整体呈现出一种儒雅的氛围。中式古典居室布置上多以古典家具和现代中式家具搭配出层

次之美。风格大而不空、厚而不重、灵活多变。明式家具线条简练，清式家具雕刻华美，屏风、窗棂、木门、隔扇、博古架等分隔方式展现出传统文化的深层次的含义，中式建筑传统和建筑意向，通过家具的布置展现得淋漓极致。

中式古典风格的细节装饰

对于中式复古家居的细节装饰，可选择的装饰物比较多，布艺、植物、装饰画、灯具等都是不错的物品。不过，这些装饰物不需要太多，稍用几种就能起到画龙点睛的作用。变化多样的花饰和木线是常用的装饰物品，它们会给空间带来怀旧、浪漫的气息。

M*editerranean Style*
地中海风格

　　地中海风格代表的是一种极休闲的生活方式。在这种风格装修的居室中，空间布局形式自由，颜色明亮、大胆、丰厚。地中海风格的装修设计精髓是捕捉光线，取材于天然。地中海式家居是一个乌托邦般的梦境，优美而慵懒，让紧张的都市生活变得更加从容。简单的生活状态，朴素而美好的生活环境是地中海风格家居的全部内容。

地中海风格的颜色特点

　　地中海风格建筑和家居的一大特色就是醒目的白色的大量运用。白色配上地中海湛蓝的天空和海面，金色的阳光，将会体现出色彩最绚烂的一面。在自己家里实现地中海风格当然要秉承白色为主的传统，为了避免太清淡，也可选择1~2个色调艳丽的单色来作为搭配色。

　　蓝与白：这是比较典型的地中海颜色搭配。黄和绿：一种别有情调的色彩组合，十分具有自然的美感。土黄及红褐：带来一种大地般的浩瀚感觉。

地中海风格的造型特点

　　地中海风格居室的第二大特征就是利用天然材质进行手工制作。我们可以在自家相应的地方贴上薄砖

*A*BOUT

地中海风格

业主如是说： 对地中海风格那独特的梦幻气质念念不忘，希望在自己的家中也享受那明亮清新的氛围。

设计师如是说： 将蓝白两色定为装饰的主基调，采用毫不矫揉造作的拱形造型演绎出地中海风情。颜色鲜艳的红色布艺点缀也是装饰的亮点，搭配造型别致的吊灯，营造出独特的异域风味。

片，手工涂刷上白色，并且故意留一些勾缝和粗糙的痕迹；在浴室等地方演绎出拱形曲线，使用简单的手法却带出了整体的味道。地中海沿岸的房屋或

家具的线条往往不是直来直去的，因而无论是建筑还是家具，都形成了一种独特的浑圆造型。

地中海风格的材料特点

马赛克的应用是凸显地中海气质的又一法宝。大面积的白色配以单块的艳丽颜色，细节跳脱整体却依然雅致。使用大面积的马赛克，很怕久而久之接缝的积灰会变深，打理起来麻烦。解决之道是在购买时就选择已经拼接好、不用单独勾缝施工的整体马赛克，价格虽然贵了些，但是拼装和打理的精力就省下啦！

地中海风格的配饰特点

在地中海地区，装饰物常采用自然素材也是一大特征。竹藤、红瓦、窑烧以及木板等，从不会受流行设计的影响，代代流传下来的家具被小心翼翼地使用着，时间越长越能营造出独特的风味。锻打铁艺家具、素雅的

小细花条纹格子布艺是地中海美学的产物。同时，地中海风格的家居也很注意绿化，爬藤类植物是常见的居家植物，小巧可爱的绿色盆栽也随处可见。

*A*BOUT

新古典风格

业主如是说： 喜欢欧式风格的典雅与浪漫，却又不想自己的家居过于夸张与奢华。

设计师如是说： 采用新古典风格来装点家居，墙面的暖灰暗纹壁纸，造型相对简约的欧式双人床和吊灯，在强调古典风格韵味的同时，也追求造型与结构的简练和质朴，使室内效果庄重而不夸张。

New Classicism
新古典风格

新古典主义来自于古典主义，但它不是仿古，更不是复古，而是用具有明显时代特征的古典主义风格符号代替繁复的传统细节，为硬朗的线条搭配上温婉雅致的软性装饰。它将古典注入简洁实用的现代设计中，使得家居装饰更有灵性，使得古典的美丽凝练得更为含蓄精雅。

新古典主义拥有典雅、端庄的气质，提供了一种多元化的思考方式。它将怀古的浪漫情怀与现代人对生活的需求相结合，兼容华贵典雅与时尚现代，反映出后工业时代个性化的美学观点和文化品位。在新古典主义风格的设计理念追求简洁，质朴和庄严感，给人真实，简单，古典的韵味。

新古典主义风格的分类

新古典主义的家居可以细分为新中式和新西式两种。新中式的装修风格表现了人群对传统文化的新演绎，它包括三方面的内容：一是中国传统风格文化在现代背景下的演变；二是在中国当代文化理解基础上进行的当代设计；三是在后现代建筑基础之上表现出适用于现代居住理念的中国风格。新西式风格更注重室内的使用效果，强调室内布置按功能区分的原则进行，家具布置与空间应该密切配合。

新古典主义风格的色彩特色

白色、金色、黄色、暗红色是欧式风格中常见的主色调，色彩看起来明亮、大方，整个空间给人以开放、宽容的感觉，丝毫不显得局促。

新古典主义风格的造型特色

新古典具备了古典与现代的双重审美效果，"形散神聚"是新古典的主要特点。新古典主义风格在注重装饰效果的同时，用现代的手法和材质还原古典气质，让人们在享受物质文明的同时得到了精神上的慰藉。新古典主义风格讲求，在造型设计上追求神似，一方面保

留了古典主义的材质、色彩，让人可以感受到传统的历史痕迹与浑厚的文化底蕴，另一方面又摒弃了过于复杂的肌理和装饰，用简化的手法、现代的材料和加工技术去追求传统式样的轮廓。

新古典主义风格的配饰特色

新古典主义注重装饰效果，常用室内陈设品来增强历史文化特色，无论是家具还是配饰都以优雅、唯美的姿态，平实而富有内涵的气韵描绘出居室主人高雅、尊贵的身份，烘托出室内环境气氛。

R洛可可风格

ococo Style

洛可可风格的总体特征是轻盈、精致、细腻。装饰造型高耸纤细，不对称，频繁地使用形态多变的如"C"形、"S"形或涡券形曲线、弧线和大镜面作装饰。洛可可风格大量运用花环、花束、弓箭及贝壳图案纹样，同时配合运用金色和象牙白等色彩创造室内装修造型，线条婉转、柔和，空间环境，轻松、亲切。

在新洛可可风格中，纯黑色和纯白色永远比金银色更显得高贵沉稳。使用纯黑色和纯白色作为主色调，辅以金色银色做点缀，会让空间散发出超越现实的高贵气息。

Baroque Style
B巴洛克风格

巴洛克风格的主要特色是强调力度、变化和动感，强调建筑绘画与雕塑以及室内环境的融合性，突出夸张、浪漫、激情和非理性。巴洛克风格打破均衡，强调了层次和深度，使用大理石、宝石、青铜、金等装饰物，突破了文艺复兴主义的一些程式、规则。

Gothic Style
G哥特式风格

哥特式风格是对罗马风格的继承，直升的线形，急速升腾的动势，奇突的空间推移是其基本风格。哥特式风格窗饰喜用彩色玻璃镶嵌，色彩以蓝、深红、紫色为主，斑斓迷幻。家装中在墙面或顶面局部采用哥特式风格的彩色玻璃装饰，会给房屋带来梦幻般的装饰意境。

Harmonious Style
和谐家居

对于上有老、下有小的大家庭来说，和谐是家居设计的终极目标。其设计风格，一般在显示不同年龄阶段风格的同时，也将会把各种风格兼容并包地融合在一起。所以在整体上风格显示出了适度的中庸。

要营造大家庭的温暖和和谐，在色彩方面，适宜采用暖色调或中性色调为主，黄色、深红色、灰色、咖啡色等都是不错的选择。在材料方面，自然的材质更容易使整个家居设计融为一体。

尊老爱幼是中国几千年的传统美德，每个家庭对老人、孩子都**特别地关心与照顾**，这也会**体现在家庭装修的每**个细节当中。

空间设计

一般情况下，家有老小的空间布局都较为沉稳，不宜夸张。装修的时候应该注意色彩与光影造型的统一，这能给三代同堂的家庭增添生活乐趣，有利于消除疲劳、带来活力。老年人一般会腿脚不便，而蹒跚学步的孩子又容易磕碰，所以流畅的空间布置意味着他们行走和取物将会更加地方便，我们可以结合老人和孩子的需要去布置空间。

Living Room
L客厅

客厅不仅是亲朋好友造访时最常聚集的区域，也是平时一家老小活动较为集中的空间，老人在家，房间布置就得格外小心。客厅应尽量宽敞，家具最好都靠边放，这样可以留出更多的空间用于行走和活动，家具、色调、各种配饰都应考虑老人和孩子的使用要求。

色彩搭配

一般来讲，有老人和孩子的家居颜色最好不要超过三种，黑、白、灰除外；如果觉得三种颜色太少，那么可以调节颜色的灰度和饱和度。如果还是把握不大，不妨试试这个最保险的做法——将客厅主色调设计成"非冷非暖"的中间色，家具选用原木色、黑、白、浅灰等，然后多选几套窗帘、沙发靠垫、地毯等软性织物，并根据不同季节进行冷暖变换，如夏天采用淡蓝、浅绿，冬天用橙、红，春天尝试黄、粉等色彩，这样会令客厅四季如新。

原木色在大户型客厅中的应用

中式古典家居具有厚重的色彩，体现着深厚的文化底蕴与对历史审美的缅怀。深浅不一的木色始终是中式家具的主题，古典而厚重的色彩配以复古处理的表面效果，能很好地表现出高贵而内敛的王者风范。

冷暖中性色的选配要求

中性色中又分为中性冷色和中性暖色。中性暖色延续着暖色温暖空间的功能，为空间渲染出安静平和的氛围。

业主如是说：考虑到家中老人的感受，不希望装饰过于艳丽，最好大气沉稳一些。

设计师如是说：整体风格采取简中式装饰，选用颜色较为厚重的木贴面板以及深灰色地面砖，空间动线也要充分考虑老年人的需要，要尽量流畅。同时考虑到老年人不适合坐过软的坐垫，沙发也尽量选取比较硬实的材质和风格。

咖啡、泥土、苔藓、干枯植物等色彩底色的家具，显得优雅而朴素。搭配深木色家具则庄重又不乏雅致。中性冷色从完美的灰开始一直到绿色或蓝色。

中性冷色似乎天生就与高科技、都市化的生活能够紧密地联系起来。浅灰紫的墙面最好搭配白色的天花板，而浅灰绿色的墙面则与深灰色的家具搭配为佳。

黄色在大户型客厅中的应用

黄色系的石材结合完美的灯光设计，会让客厅呈现出美轮美奂的视觉效果。不同的花纹与不同质感运用在不同的空间里，会让黄色系的石材展现出更加多姿多彩的变化。

家具布置

在三代同堂的家庭中，客厅的物品较多，收放不当就很容易产生杂乱的感觉。因此在客厅要想营造出温馨舒适的效果，那么视线的流畅、空间的整洁是最为重要的。在选择和购买客厅的家具时，要注意质地、颜色的协调；同时，客厅家具的尺寸要与空间的面积相配合，这样才具有完整的感觉。

客厅家具颜色的选择

在客厅中会有体量较大的沙发、茶几等家具，这些家具的色彩布置对于客厅的整体效果有很大的影响。以往的家具大部分都是由一种颜色构成的，如今居室的面积在不断地扩大，家具的尺寸也在随之扩大，这样一来，只有一种家具的颜色就显得有些呆板了。客厅中的家具可以用两种颜色进行搭配，这样会让人觉得空间更有层次，能够表现出更美丽、生动的效果。

客厅家具的主次与重点

主次关系是客厅家具布置需要考虑的一个基本因素。确定主次关系不难，一般与家具在空间中的地位有关。但如果只有明确的主次关系，空间就会显得单调，这时候应该有个视觉中心，可能是沙发边上的落地灯，可能是墙面上的装饰画等，这样空间才会有重点。当然，重点不宜多，重点过多就会变得没有重点了。

在家有老人的客厅中家具需要注意的要点

高度以老人身高的一半为宜，不宜太高，也不宜太低，要固定稳当，以方便他们随时手扶。茶几不宜太低，避免老人在站立取东西时过度弯腰。家具最好选择圆角的，这样即使老人和孩子不小心磕着碰着，也不会造成太大伤害。椅子腿不能向外支出，椅脚不能宽过椅面，因为往外支的话会容易绊到老人。沙发要选择座位面稍硬一些的，旁边须有扶手，方便起坐；靠背要略高一点，对腰背有好处。

配饰设计

大面积的客厅提供了舒适自如的活动空间，但有时也不免给人空旷的感觉，解决这一问题最简单的办法就是巧妙地摆放各种小饰品。例如在大面积客厅中，有可能会出现很长的一面墙壁，如果在这样的墙壁上悬挂一幅很大的装饰画就显得难看；如果采用一组较小的装饰画则会有很好的装饰效果。地毯在大客厅中有很多的用武之地，尤其是图案比较抽象、色彩较为艳丽的块毯，会有很独特的装饰效果。

客厅布艺如何布置

客厅的布艺主要集中在墙壁、窗帘、沙发、靠垫和地面上，一般应稳重大方，风格统一。如果能围绕一个主题进行布置，那么更加理想。但要注意的是，不宜给人留下布艺大量堆砌的印象，一定要使用优质、有份量的家具或艺术品来"压轴"。

客厅装饰画如何布置

运用不同的方式来摆放装饰画会带出不同的视觉效果。当装饰画需要方框悬挂时，每边需预留出空白位置，免得四四方方的画看起来呆板。如果使用特长的画框把两幅或两幅以上的画镶裱在同一个框里，那么横放、竖放都是可以的，但要预留出足够的白边，以突出每幅画的效果。

客厅照明的选择

客厅的顶灯最好选择亮一点的节能灯，不要选择射灯，一则容易对老人的眼睛造成刺激，二则射灯照不到室内的所有东西，会给老人的生活带来不便。

利用镜子扩大视觉效果

镜子不仅能使居室光线明亮，而且还可使房间显得宽敞。例如，在空间不大的厅堂中，如果在侧

墙装镶镜子，那么视觉上就感到扩大了许多，置身其中，自有一番情趣。

新分隔模式

妥善运用新颖的分割材质，既可营造温馨的居家空间，又可以根据当时的潮流随时更换。比如，在天花板上悬挂的珠帘，不仅能有效地分隔空间，也可以在不用时拉起而拓展空间。

Dining Room
D餐厅

社会不断地发展，但中国千百年来"尊老爱幼"的传统观念却依然不变。餐厅作为一家人每日三餐的必需空间，在装饰上一定要照顾好家中所有人的口味，能让"三代同堂"的家庭，享受到天伦之乐。

色彩搭配

颜色的搭配需与空间的风格相呼应，家有老人的空间色调一般较为厚重，而餐厅一般又以明朗轻快的色调为主，那么如何解决这一矛盾呢？其实很简单，可以在餐厅里尝试不同色彩的搭配，例如选择亮色的桌布与餐具，就能带出不同层次的明亮度，而使用玻璃、金属等简单的装饰物装饰一下墙面，则能让色调又产生多重的变化。

色彩布置根据空间大小与装修材料决定

餐厅的色彩布置往往会根据空间的大小和所采用的装修材料来决定。如果餐厅面积充裕，那么可以选用一些暖色调来营造温馨甜蜜的氛围，比方温暖的黄色等。另外，餐厅的装修材料对于色彩的选择也有很大的影响，乳胶漆自然可以选择极为丰富的颜色，而壁纸、板材与金属等宜保持其原有

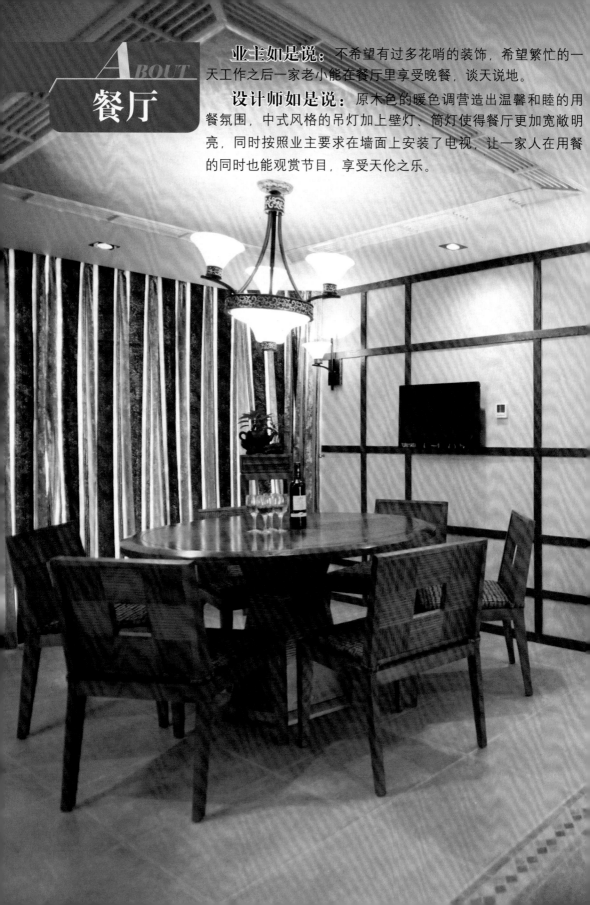

业主如是说：不希望有过多花哨的装饰，希望繁忙的一天工作之后一家老小能在餐厅里享受晚餐，谈天说地。

设计师如是说：原木色的暖色调营造出温馨和睦的用餐氛围，中式风格的吊灯加上壁灯、筒灯使得餐厅更加宽敞明亮，同时按照业主要求在墙面上安装了电视，让一家人在用餐的同时也能观赏节目，享受天伦之乐。

的材料颜色，一来实用，二来也可以带来更为丰富的层次效果。

餐厅墙面的色彩选择

餐厅墙面的色彩设计因个人爱好与性格的不同而有较大的差异。餐厅家具宜选用调和的色彩，尤以天然木色、咖啡色、黑色等稳重的色彩为佳，尽量避免使用过于刺激的颜色。当空间相邻色彩搭配不太合适的时候，可以用灰色来调和。灰色与木色的家具能搭配出不错的组合，让空间自然而又现代，正在成为家居的潮流色彩。

家具布置

作为就餐空间的餐厅，一定要尽可能地方便、舒适，拥有亲切、愉悦的空间氛围。餐桌、餐椅是餐厅中必不可少的家具，餐桌、餐椅的大小及摆放形式应与餐厅的空间大小及就餐人数相适应，大的给人宽敞气派的感觉，小的则显得玲珑精致。

餐厅家具布置要与空间相结合

相对而言，独立式餐厅是比较理想的格局。餐桌、椅、柜的摆放需与餐厅的空间相结合，如方形和圆形餐厅，可选用圆形或方形餐桌，居中放置；狭长的餐厅可在靠墙或窗一边放一张长餐桌，桌子另一侧摆上椅子，这样空间会显得大一些。

餐桌大小的确定

作为餐厅家具中的主角，我们在选购餐桌时首先要确定用餐区的面积有多大。假如房屋面积很大，有独立的餐厅，则可选择富有厚重感觉的餐桌以和空间相配。假如餐厅面积有限，而就餐人数并不确定，可能节假日就餐人员会增加，则可选择目前市场上最常见的款式——伸缩式餐桌。餐桌的外形对家居的氛围也有一些影响：长方形的餐桌更适用于较大型的聚会，圆形餐桌更有民主气氛，不规则桌面则显得温馨自然。

配饰设计

三代同堂的墙面装饰

调动餐厅风格的又一手段就是在墙面上或餐柜上挂装饰画。最常见的是田园题材的油画，餐厅会因为有它而显得生活气息十足。当然，喜欢简约的现代派会选择线条抽象的水彩画来做装饰。考虑到家中老人的审美，传统的中式餐厅可以选择风格清新的写意画来做装饰。

三代同堂的台布选择

餐桌台布的选择可以调动整个空间的灵性，使就餐气氛活跃起来。一块纯棉的素色台布可以体现出主人的精细，而一块质朴花纹的台布会唤起整个餐厅的田园气息，要是选择一块天鹅绒的宝石蓝色台布则可以使整个餐厅彰显成熟的风范。

三代同堂的照明设计

餐厅的灯光越柔和、越含蓄越好，柔和含蓄的灯光能使人融入温馨的情境中，不会让老人和孩子感到不适。以餐桌为中心，在相应的顶棚处设置吊灯作为主光源，或者同时安装嵌顶灯和壁灯等作装饰照明，会让光线具有节奏感，从而突出气氛。

B卧室
Bedroom

卧室的装修应该保持着这样一个原则：在创造一个私人空间的同时表现出休闲、温馨。卧室的装修风格主要体现在家具、墙面、地面这三大部分，首先确定一个主要风格，如果墙是以古典风格为主调，那么就不宜选择过于活泼的颜色与之搭配；其次是确定好室内的主题，卧室一般以床上用品为中心，卧室中其他装饰应尽可能地配合卧室的主题，最好采用与之相同的风格和图案。

色彩搭配

如果不喜欢单一的卧室环境，那么也可以进行适当的色彩变化。卧室的色调主要是由墙面、地面、顶棚、窗帘、床罩几大块色彩构成的，首先应该确定这几个面积较大的颜色，一般是确定一个统一的主色调，其次是确定好室内的重点色彩，即中心色彩。卧室一般以床上用品为中心色，例如床罩为杏黄色，那么卧室中其他织物应尽可能用浅色调的同种色，如米黄、咖啡等，最好全部织物采用的是同一种图案。除墙面、地面、顶棚的色彩要统一协调外，还要特别注意窗帘等装饰布艺的色彩。总之，卧室应该在色彩上强调宁静和温馨，这样有利于营造良好的休息气氛。

白色与蓝色相搭配

大面积使用白色，能让室内充满轻柔、温和、淡雅、纯洁的气氛，搭配上灰蓝色的墙面，白色就不那么单调了。加

业主如是说：希望自己的卧室富丽堂皇，可以在家中享受到帝王般的感受。

设计师如是说：选择古典风格作为装饰的基调，细腻优雅的窗幔，大气的绒面软包，雕刻精美的细节，都在彰显着气派；而在家具选择上，线条优美、凹凸有致的欧式双人床，色调搭配是经典的金银二色，搭配古朴典雅的床头柜、台灯、钟表、电话等配饰，更显得雍容华贵。

上床单和窗帘上的几块浓重的蓝色，在对比中就更充分表现
出了白色的魅力。

黄色、棕色和白色相搭配

色彩素雅的暖色调，主要由地毯的黄色或地板的柚木
色、织物的淡色以及墙面的浅棕色所构成。床品的白色融入
其中，使得室内的色彩在色相和层次上更加丰富，显示出了
一种轻松、明快的家庭气氛。

家具布置

一般来说，卧室中的家具应该有和谐统一的风格，颜色、款式和材质、家具的尺寸要相
同或者相似，并且也要与室内的配饰等协调。卧室家具的布置大多取决于房间门与窗的位
置，窗户与床成平行方向较适合；储藏柜、小圆桌椅大多布置在床体的侧向；视听展示柜则
大多陈列在床的迎立面，以便于观看；梳妆台的摆放没有固定模式，可与床头柜并行放置，
也可与床体呈平行方向布置。

床品的选择决定了卧室的基调

床品是卧室的主角，是软装饰中最重要的环
节。床品的选择决定了卧室的基调，无论是哪种风
格的卧室，床品都要注意与家具、墙面花色的统一
性。床品的色彩要做到花而不乱，动中有静。

主卧室家具可以采用中西合璧的
方式

中式老家具的造型和色泽十分抢眼，可自然

地使室内充满怀古气息，常起到点睛的作用，适合三代同堂的卧室装修。装修主卧室时，先要确定好居室的整体风格，选定好西式家具后，再确定搭配什么样的传统中式家具。传统家具的特色在于木质纹理和精雕细刻，所以我们有必要突出这些动人的细节，来营造一个和谐的周边环境去烘托它。尤其是在选用比较繁复的清式家具，或者是颜色明丽的藏式家具的时候，更需要巧妙地搭配空

间色彩、光影效果和配饰。柔和的灯光、浅色系的墙面，才不会抢了家具的风采。

配饰设计

在卧室里，饰品的选择多种多样，其摆放方式也不拘一格，可以尽情发挥自己的创意。不过，饰品的选择最好还是与卧室的风格、色调相搭配，其摆放的位置也最好根据本身的大小、高度、形状来决定。如果想让自己的卧室变得更为个性和贴心，不妨自己动手制作一些属于自己的饰品，它们会让你的卧室变得与众不同。饰品在卧室里不但能起到很好的装饰作用，而且还会表达人的心情，流露出人的兴趣爱好，为生活带来无限的乐趣。

卧室的光线要柔和

　　卧室的照明要尽量避免耀眼的灯光或造型复杂奇特的灯具，但也不能过暗，以免带来压抑感。尽量避免将床布置在吊灯的下方，这样人在床上躺着时，才不会有灯光刺激眼睛。床头灯要小巧而且能够聚光，它不

但提供照明，亦能满足主人躺着看书用，一般采用可调光源灯。

卧室的绿化原则

　　卧室的绿化原则是柔和、舒适、宁静，为了突出这个特点，卧室一般选用色彩柔和、具有安神作用的花卉和观叶植物，并随季节更换。矮柜上可放小型观叶植物；高柜上可放吊兰等垂性植物；阳光充足的窗台可放小棵的花卉，如秋海棠等；梳妆台上可放鲜插花，不过花香不宜太浓；墙角还可放中性的观叶植物。值得注意的是，卧室的植物宜精不宜多。

ABOUT
老人房

业主如是说： 为家中老人特地选择了宽敞明亮的房间作为卧室，在装饰上希望老人有一个明亮、平和的居室环境。

设计师如是说： 沉稳平静的中性色调最适合老人房的装修，古朴雅致的粗纹实木地板，搭配木贴面板的吊顶假梁，再加上皮面软包及中式格栅，显得老人居住的房间高雅而和谐。同时，用绿色植物和室内遮阳棚来装点阳台，让老人家在居室内也能享受自然清新的景致。

Elderly Bedroom
E老人房

在三代同堂的家庭中，老年人的居住环境越来越受到业主的关注。作为子女，要多为父母考虑小细节。

色彩搭配

老年人都喜欢追忆往事，所以在居室色彩的选择上，应偏重于古朴平和、沉着的色彩。

用稳重淡雅的色调来营造舒缓的气氛

老人的居室宜采用深浅搭配的色调来装饰，床、橱柜、茶几等单件家具宜使用深胡桃木色，寝具、装饰布及墙壁宜使用浅色。这样既能使整个居室和谐雅致，又能透露出长者成熟的气质。

色彩避免单调

由于主色调以浅色为主，所以在配饰上最好表现出亲近祥和的意境。色彩忌用红、橙、黄等易使人兴奋和激动的颜色，应选用高雅宁静的色调。家居色彩要避免使用大面积的深颜色，以免有闷重的感觉。

家具布置

　　对于老人来说，流畅的空间意味着他们行走和拿取物品更为便捷。这就要求家具尽量靠墙而立，固定式家具为首选。家具的样式宜低矮，以方便他们取放物品。设计以稳重大方为主，多用布艺家具，少放家电，同时，建议留出大一些的空间以保证自然采光和良好的通风。

保证老人的需求是家具布置的关键

　　老年人需要的是安静休闲，在家具布置上也应以此为主。可放置一些老人们爱看的书报杂志，让他们老有所为，老有所乐。老人房的设计要

因人而异，比如家中有爱看书的老人，那么房间内可设计成书斋型卧室；如老人有过军旅生涯，其卧室最好配置一些与军事相关的饰品，如军刀、战马等造型的物品，这样可以引发老人们对戎马一生的追忆和思考。

家具摆放应尽量靠墙

　　老年人卧室家具的造型不宜复杂，布局应是陈列式的，以简洁稳重为主。家具要尽量靠墙放置，以免造成室内通行的不便，在心理上给老人以安全稳固的感觉。

配饰设计

　　三代同堂的老人房间中，可在墙壁上挂上书画，在适当的位置布置舒适的安乐椅、躺椅、藤榻。有不少老年人喜欢收藏，如果在房间里布置一个收藏柜，摆放自己喜欢的饰品，那么即能表现出主人对生活的热爱和子女对父母的关爱。

老人房窗帘的选择

　　老人房窗帘可选用提花布、织锦布等，其厚重、素雅的质地和图案适合老人深沉、稳重的智者风范，厚重的窗帘也能营造静谧的睡眠环境。窗帘最好设置为双层，分纱帘和织锦布帘，这样可以调节室内亮度，使老人免受强光的刺激，对于老人的身体大有好处。

Kitchen 厨房

大部分人都喜欢为厨房营造一份温暖的感觉，面对着大量金属厨具的冷感，如何才能营造出这种感觉？秘诀在于使用柔和以及自然的颜色去装饰它。图案设计简单、色调清新自然的橱柜组合将展现出清雅脱俗的美感，使厨房的设计更显温馨，更具有田园风味。

色彩搭配

色彩体现格调

厨房对卫生的条件要求较高，浅浅的色调会给人清洁、轻松的感觉，同时必须考虑各种材质的搭配，以便清洁。木色、暖色调给人温馨，稳重的感觉，可以创造出良好的气氛。在进行厨房的色彩设计时，不能孤立地考虑家具本身的色彩，还应注意照明、材质、采光、朝向等各种因素对空间色彩产生的影响。如在灯光不足的情况下，选择偏暖的浅色调，提高反射系数，将会弥补这一缺陷。

家具色彩要高调

由于橱柜等家具在厨房空间里所占的比例很大，因此其色彩往往会左右环境的色彩。厨房家具色彩的要求是能够表现出干净、使人愉悦的特征。厨房家具应选择那些能提高室内照度、保证采光与卫生的色彩明度为主。

家具布置

厨房家具布置应留出足够的操作空间

在厨房里，洗涤和配切食品、搁置餐具、熟食要有的周转场所，存放烹饪器具和佐料也要有合适的地方。现代厨具生产已走向了组合化，应尽可能合理配备，以保证现代家庭厨房拥有齐全的功能。

有效利用厨房下部空间

提及空间的利用，人们往往会先想到客厅和卧室，因为这些地方面积大，人来人往频繁，而对厨卫因其一般面积有限，空间的利用则欠考虑。其实，正因为小，空间的合理安排与利用就显得更为重要。

在房间面积不够大的情况下，以渐进退缩的方式配置橱柜，可以减低人体的压迫感；在下层的柜子选用较宽或较深的设计，愈高的部分柜深要愈浅，这样不会造成居住者在潜意识里的紧张。

配饰设计

现在的厨房，已经不再是四面白墙，几个木质橱柜的天下了。在厨房的后期配饰中，适当加入一些跳跃的色彩点缀，能够让人们在烹饪和就餐时享受到生活的多姿多彩。

橱柜的外观造型是对厨房最好的装饰

厨房装饰不要一味地追求空间的整齐划一，适当在橱柜表面做一些浅浅的造型，既不影响日常的擦洗，又能够带来更为生动的空间效果。或者选择不同材质、不同色彩的橱柜门，也能够营造出活泼的氛围。

调料瓶、储物罐最好选用玻璃或陶瓷制品

厨房中的调料瓶、储物罐最好选用玻璃或陶瓷制品，不仅外形美观而且卫生、环保。目前，市场上的玻璃、金属、陶瓷制品非常丰富，造型各异，色彩纷呈，随便拿出一个都堪称精美的艺术品，摆在厨房装油盐酱醋，有独特的装饰、美化效果。厨房油烟大，清洗工作是个难题，而玻璃瓶可以放在水里煮，既卫生又干净。此外，目前的塑料

制品还不能完全做到无毒无味，作为普通的消费者，还无法绝对分辨塑料制品的优劣，而玻璃制品则完全没有这方面的问题。

尽量选择造型精美的餐具

　　每一份餐具都是厨房的一道亮丽风景，现代餐具的特点是分工越来越细，各种碗、盘、碟、杯形

式各异，如果能够合理搭配，绝对是最为实用的装饰元素。

　　合理的装饰点缀是营造温馨效果的最佳手段，在卫生间的角落里放盆绿花，或者在空余的墙上挂幅玻璃马赛克壁挂，又或者是在洗脸盆下放上一只造型别致的整理筐等，既可以保证实用上的功能，同时又起到了很好的装饰美化作用。

Bathroom
B卫浴

因为有老年人居住，所以在三代同堂的住宅中，装修卫浴间要特别关注安全性。比如，边角处理要圆滑；各种设备高度适合，减少老人的动作幅度；地面要进行防滑处理，增加更多安全把手；尽量不要使用玻璃、金属等材质的物品。

色彩搭配

在色彩设计方面，卫生间不建议用较深、较暗的颜色，因为那样可能会使空间更压抑。浅冷色、中性色等具有扩散和后退性，能使居室清新、明亮。值得注意的是，在同一空间内最好不要过多地采用不同的材质及色彩，以免造成视觉上的压迫感，最好以柔和亮丽的色彩为主调。

清洁明快的背景色可以减轻空间拥挤感

由于卫生间通常都不大，而各种盥洗用具复杂、色彩多样，因此，为避免视觉的疲劳和空间的拥挤感，应选择清洁而明快的色彩为主要背景色，对缺乏透明度与纯净感的色彩要敬而远之。

卫生间的色彩搭配可以大胆创新

在进行卫生间装修的时候，可以打破常规，选择一种自己喜爱的颜色作为居室装修风格的主线，一切都要围绕这个主线来选择和搭配。

ABOUT 卫浴

业主如是说： 希望自己的卫生间简约大气，同时尽量避免每天清晨一家人同时洗漱而卫生间不够用的尴尬。

设计师如是说： 简中式风格的卫浴柜有足够大的收纳空间，搭配简洁的白色洗手盆显得卫生间整洁大方，为了解决使用卫生间的冲突，设计师特别设置了两套卫浴家具。同时地面采用的防滑地砖也增加了安全性，墙面实用同样材质的瓷砖使风格统一。

家具布置

　　一般家庭装修，没有必要追求奢华的效果，温馨、舒适就好。卫生间的三大功能器具应按照洗、厕、浴的顺序进行布置，同时留出它们的间距，以免日后使用不便。在布置这三大功能区域的时候，一定要注意空间动线的流畅性，不能布置成"折线"，这会让人感觉不舒服，同时，还会让空间显得拘束。

盆浴和淋浴箱结合可减少空间的占用

　　浴室面积不大，盆浴和淋浴箱连接在一起的设计，既没有占用过多的空间，又能随心情变化洗浴的方式。再在浴缸边上放上一个藤制收纳箱，收纳要换洗的衣物。这样，杂乱的感觉将一扫而光。

充分利用洗手盆下方的收纳空间

　　洗手盆下面的空间完全可以放一个较大的储物箱、卫浴柜或隔板，在安排这样的储物方式时，要注意储物箱的密封效果，并且需要卫浴间有较好的干湿分区。

合理利用镜柜收纳

镜柜是提高浴室利用率的有效法宝，打开柜门，棉签、梳妆品等零散的洗浴用品可以尽数放于其中，合上柜门，柜子变成可以打理妆容的镜子，一个整齐的浴室随即也呈现在眼前。

卫浴要考虑老人活动不便的特点

许多老人行动不便，起身、坐下、弯腰都有困难。在墙壁上设置扶手可以成为他们的好帮手。选用防水材质的扶手装置在浴缸边、马桶与洗面盆两侧，可令行动不便的老人生活更自如。另外，老人也大多不能久站，因此在淋浴区沿墙设置座椅，能节省老人体力。

配饰设计

　　卫浴，一方面要功能性强，另一方面又要有浓浓的生活气息。不妨把自己的情趣融入到配饰设计当中，让小小的配饰赶走卫浴间单调的模样。

塑料是在卫生间里最受欢迎的材料

　　塑料色彩艳丽且不容易受到潮湿空气的影响，清洁方便，是卫生间里最受欢迎的材料。使用同一色系的塑料器皿如纸巾盒、肥皂盒、废物盒和装杂物的小托盘，会让空间更有整体感。当然，在不同风格的卫生间里搭配不同的色彩，也是一种风尚。

卫浴配饰——浴帘

　　浴帘是现代生活中不可缺少的居家用品，除了能有效划分浴室空间、防止水喷溅之外，还能为浴室起到极好的装饰作用。如今，布艺也同样走进了卫浴，让清凉

的空间多了一份温度和体贴。

卫浴配饰——铁艺

铁艺毛巾架造型多样，采用圆环、弯钩、横档等多种设计，可以满足不同的需求。

E玄关阳台
Entrance & Balcony

　　玄关是设计师整体设计思想的浓缩，它在房间中起到画龙点睛的作用，能使客人一进门就有眼睛一亮的感觉。除此之外，阳台越来越受到装修业主的重视，以前人们把阳台当作储物间、晾衣间；现在，阳台逐渐成为人们享受阳光、接触自然的空间。

色彩搭配

　　玄关和阳台的色调搭配往往受到家居整体的色调以及风格的影响，色彩往往不需要做太多的布置。

玄关阳台色彩搭配的首要原则

　　家居整体的色调及风格自然是玄关阳台所必须遵循的首要原则，例如在现代风格的家居中，只需要简单地浅色调装修即可；而在田园风格的家居中，玄关和阳台自然以大自然的色彩为主。需要注意的是，阳台的色调

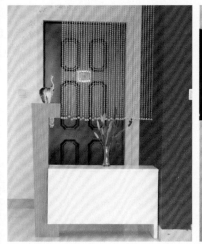

业主如是说： 一进门的玄关是业主最关注的位置，希望能让客人眼前一亮，展示自己的格调和品位，但又不想太过繁复。

设计师如是说： 欧式玄关案金色与黑色的搭配显得十分抢眼，同时，金色的镜框与绿色壁纸的搭配也让人为之着迷。墙面没有过多的装饰，两盏壁灯在照亮玄关的同时，也给空间染上一种别样的风姿。

布置也最好与整栋楼的外表效果相一致，否则一眼望去，整个楼面出现了一块非常突兀的色彩，也是大煞风景的。

玄关阳台的主要色调

相对而言，玄关和阳台应该以明快的色调为主，特别对于阳台而言，明快的颜色一来可以很好地与室外空间相融合，二来也让人感觉更为轻松；而玄关往往接受不到阳光的照射，相对阴暗，明亮的色调可以提亮整个空间。在后期使用过程中，无论是添加家具或者摆放花草，浅色调也是宽容度最高的空间背景色彩。

家具布置

中式玄关的家具摆放

在中式居室里，较典型的玄关是在进门正对的墙前放置的一张明、清式的平头或翘头案。案上点缀几个形状、高矮各异的青花瓷瓶或仿古彩陶，挂两扇明、清式的窗格或一、两幅中国画，在顶部射灯柔和光线的照射下，倍感温馨、雅趣。

欧式玄关的家具摆放

在欧式居室里，较典型的玄关是在门正对的墙面前放置一张欧式风格的条桌。条桌面上常放置一个开满鲜花的花瓶或花篮，和一些复古的摆设；在条桌上方墙面，可安放一面镜子，进出家门，可照照镜子，整整仪容。

玄关的收纳功用

如果在玄关里放置收纳柜，就更与空间相得益彰了。收纳柜能收纳杂物，镜子能扩大视觉空间，还能让主人在出门前后整理仪容，这样的玄关功能与美感兼备。

鞋的收纳在玄关中占据很大一部分，而鞋柜、鞋架是把各种鞋分门别类存放的最佳地方。封闭鞋柜需要的空间比较大，好处是能存放比较多的鞋；鞋

架需要的空间相对小些，可以随意移动、更换，甚至还可以纵向摆放，特别适合玄关小的家庭。

组合式衣帽鞋柜在欧美家庭中比较常见，下面的柜体放置脱换的鞋子，平台部分可以用来坐在上面方便穿脱，上面的箱板钉几个挂钩，就能悬挂出门的衣服、帽子、箱包等一类的东西了。

阳台家居的选择

对于缺少书房的单身公寓来说，阳台最合适的附加功能莫过于阅读、休闲。毕竟在快节奏的

城市生活中，有这么一块能沐浴着自然阳光，享受慵懒舒适生活的空间还是非常难得的。如果再添上与情境相符的家具，那么会为阳台增色不少。阳台窄一点的，可以放上一张逍遥椅；宽一点的，可以放上漂亮的小桌椅；而大型的露天阳台内，一把亮丽的遮阳伞是必不可少的，再摆几个别致的饰物，阳台顿时生动了许多。阳台最好选用防水性能较好、不易变形的家具。木质家具比较朴实，贴近自然；金属家具较能承受户外的风吹雨打，而且风格现代、简洁，也是不错的选择。

配饰设计

如果想将幽暗的玄关装点得活泼一点，最简单的办法是在墙面上挂几张照片或装饰画，再在画上加盏小灯，它们会成为玄关空间的视觉焦点。另外，别致的相架、精美的座钟、古朴的瓷器等都是装饰玄关不错的选择。

阳台的空间有限，最实用的配饰设计自然是绿色植物和花卉了。一天紧张的工作之后回到家中，如果能见到阳台上一簇簇随风摇曳的花草，一定会让人心情舒畅。玄关的面积一般不大，因此，合理的配饰设计是玄关装修的关键，它不但能有效扩大空间的感观效果，还能体现出主人的品位。

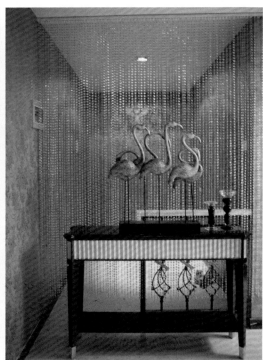

如何选择阳台绿色植物

　　阳台日光充足、空气通畅，是观景和休闲的地方。在向南处，可选择品种多、花色艳、花期长、好管理的绿植花卉，如三角梅等。在阳台内侧，可在空隙间立体地摆放各种小盆阴生植物、花卉。而在阳台顶部，则可以吊挂一些吊兰、热带兰花、蕨类等，从而形成漂亮的阳台花园。人们置身于其中，既可饱览窗外景色，又可品味绿色的生机、鲜花的烂漫，为生活增添不少情趣。

父母为我们辛苦操劳了一生，作为儿女，我们更应该在装修上多为他们考虑，努力营造一个**温暖舒适的家**，让他们可以在这里**安度晚年。**

材料选购

　　材料是室内装饰的直接表现元素，是实现使用功能和装饰效果的必要条件。对于进行家居装修的人来说，材料占了整个装修的大部分费用，材料选择的正确与否，直接影响到家庭装修的费用开支与整体效果，同时，材料的使用也关系到家居环保等一系列问题。

瓷砖及石材

玻化砖

玻化砖又称为全瓷砖，是由优质高岭土强化高温烧制而成的。它表面光洁但又不需要抛光，因此不存在抛光气孔的问题；吸水率小、抗折强度高，质地比抛光砖更硬更耐磨。

玻化砖的选购

在购买玻化砖时，可以通过"看、掂、听、量、试"几个简单的方法来加以选择。

看

主要是看玻化砖表面是否光泽亮丽、有无划痕、色斑，漏抛、漏磨、缺边、缺脚等缺陷。查看底胚商标，正规厂家生产的产品底胚上都有清晰的产品商标，如果没有或者特别模糊，建议慎选！

掂

就是试手感，同一规格产品，质量好，密度高的砖手感比较

沉，反之，质量较次的产品手感较轻。

听

敲击瓷砖，若声音浑厚且回音绵长如敲击铜钟之声，则瓷化程度高，其耐磨性强，抗折强度高，吸水率低，不易受污染；若声音混哑，则瓷化程度低（甚至存在裂纹），其耐磨性差、抗折强度低，吸水率高，极易受到污染。

量

抛光砖边长偏差≤1毫米为宜，对脚线偏差 500×500产品≤1.5毫米，600×600产品≤2毫米，800×800产品≤2.2毫米，若超出这个标准，则对装饰效果会产生较大的影响。量对角线尺寸的最好方法是用一条很细的线拉直沿对角线测量，看是否有偏差。

试

在同一型号且同一色号范围内随机抽样不同包装箱中的产品若干在地上试铺，站在3米之外仔细观察，检查产品色差是否明显，砖与砖之间缝隙是否平直，倒角是否均匀；试脚感，看滑不滑，注意试砖是否防滑不要加水，因为越加水会越涩脚。

大理石

大理石属于中硬石材，主要矿物质成分有方解石、蛇纹石和白云石等，化学成分以碳酸钙为主，占5％以上。大理石结晶颗粒直接结合成整体块状构造，抗压强度较高，质地紧密但硬度不大，相对于花岗岩更易于雕琢磨光。

天然大理石装饰板是用天然大理石原料经过粗磨、细磨、半细磨、精磨和抛光等工艺加工而成的。天然大理石质地致密但硬度不大，容易加工，强度不及花岗岩，在磨损率高、碰撞率高的部位应慎重选用。大理石抛光后光洁细腻，纹理自然流畅，有很高的装饰性。大理石吸水率小，耐久性高，可以使用40～100年。

大理石的选购

大理石的产地有国外的、国内的。产地不同，精加工的程度不同，导致附加值不同，价格也不同。要根据自己对颜色的理解与用途的不同来选择。

选购时要注意一些技术指标，特别是物理

性能和力学性能。石材的技术指标主要包括吸水率、体积密度、干燥压缩强度、弯曲强度。当把石材作为地面铺设材料时，还应注重其硬度和耐磨性指标。

在建材市场选购天然石材产品时，要向经销商索要产品放射性检测报告，要注意报告是否为原件，报告中商家名称和及所购品名是否相符，还要区分检测结果类别（A、B、C）。

A类产品可在任何场合中使用，包括写字楼和家庭居室；

B类产品放射性程度高于A类，不可用于居室的内饰面，可用于其他一切建筑物的内、外饰面；

C类产品放射性程度高于A、B两类，只可用于建筑物的外饰面。

超过C类标准控制值的天然石材，只可用于海堤、桥墩及碑石等其他用途。

实木地板

实木地板（又称原木地板）是采用天然木材，经加工处理后制成条板或块状的地面铺设材料。 实木地板保持了原料自然的花纹，脚感舒适、使用安全，且具有良好的保温、隔热、隔音和绝缘性能。缺点是对干燥度要求较高，不宜在湿度变化较大的地方使用，否则易发生胀、缩变形。实木地板的一般规格宽度在 90～120毫米，长度在450～900毫米，厚度为12～25毫米。优质实木地板价格较高，含水率均控制在10%～15%。

在选购实木地板的注意事项

（1）看漆膜光洁度耐磨度，有无气泡，漏漆等。

（2）检查基材的缺陷，看地板是否有死节、活节、开裂、腐朽、菌变等缺陷。由于木地板是天然木制品，客观上存在色差和花纹不均匀的现象。过分追求地板无色差，是不合理的，只要在铺装时稍加

调整即可。

（3）识别木地板材种，有的厂家为促销，将木材冠以各式各样的美名，更有甚者，以低档充高档，消费者一定不要为名称所惑，以免上当。

（4）观测木地板的精度，一般木地板开箱后可取出10块左右徒手拼装，观察企口咬合，拼装间隙，相邻板间高度差。严格合缝，手感无明显高度差即可。

（5）确定合适的长度、宽度，实木地板并非越长越宽越好，建议选择中短长度的地板，不易变形；长度、宽度过大的木地板相对容易变形。

（6）测量地板的含水率，国家标准规定木地板的含水率为8%～13%，不同地区含水率要求均不同。购买时先测展厅中选定的木地板含水率，然后再测未开包装的同材种、同规格的木地板的含水率，如果相差在2%以内，可认为合格。

（7）确定地板的强度，一般来讲，木材密度越高，强度也越大，质量也越好，价格当然也越高。但不是家庭中所有空间都需要高强度的地板。如客厅、餐厅等人流活动大的空间可选择强度高的品种，如巴西柚木、杉木等；而卧室则可选择强度相对低些的品种，如水曲柳、红橡、山毛榉等；如老人住的房间则可选择强度一般，却十分柔和的柳桉、西南桦等。

（8）注意销售服务，最好去品牌信誉好、美誉度高的企业购买，除了质量有保证之外，正规企业对产品都有一定的保修期，凡在保修期内发生翘曲、变形、干裂等问题，厂家负责修换，可免去消费者的后顾之忧。

（9）在购买时应多买出一些作为备用，一般20平方米房间材料损耗在1平方米左右，所以在购买实木地板时，不能按实际面积购买，以防止在日后地板的搭配时出现色差等问题。

软木地板

软木地板被称为是"地板中的金字塔尖"。软木是生长在地中海沿岸和我国秦岭地区的橡树，软木制品的原料就是橡树的树皮，与实木地板相比，它更具环保性、隔音性，防潮效果也会更好些，带给人极佳的脚感，非常适合有老人在的家庭装饰装修。

软木地板的选购

在选购软木地板时，应注意以下几点。

（1）用眼观察地板表面是否很光滑，有无鼓凸的颗粒，软木的颗粒是否纯净。

（2）从包装箱中随便取几块地板，铺在较平整的地面上，拼装起来后看是否有空隙或不平整，依此可检验出软木地板的边长是否平直。

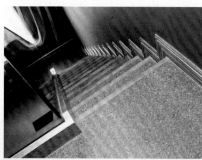

（3）将地板两对角线合拢，看其弯曲表面是否出现裂痕，如有裂痕则尽量不要购买。依此可检验出软木地板的弯曲强度。

Wallpaper 壁纸

纺织壁纸

纺织壁纸又称纺织纤维墙布或无纺贴墙布，其原材料主要是丝、棉、麻等纤维，由这些原料织成的壁纸（壁布）具有色泽高雅、质地柔和、手感舒适、弹性好的特性。纺织壁纸是较高档的品种，质感好、透气，用它装饰居室，给人高雅、柔和、舒适的感觉。作为壁纸

的另一种表现形式，它的质感丰厚，在视觉上带给人软性、温和的情绪，整体感觉大方、华丽。特别适合家居室内装饰和各种高要求场合的装饰，如儿童房、餐厅等空间。

纺织壁纸又可分为棉纺壁纸和锦缎壁纸两大类。

棉纺壁纸是将纯棉平布经处理、印花、涂层制作而成的，它挺括、不易折断、有弹性、表面光洁而又有羊绒毛感，纤维不老化、不散失，对皮肤无刺激作用，色泽鲜艳、图案雅致、不易褪色，具有一定的透气性和可擦洗性。适用于抹灰墙面、混凝土墙面、石膏板墙面、木质板墙面、石棉水泥墙面等基层的粘贴。

锦缎墙布是更为高级的一种，它要求在3种颜色以上的缎纹底上，再织出绚丽多彩、古雅精致的花纹。锦缎墙布缎面色泽绚丽多彩、质地柔软，对裱糊的技术工艺要求很高，属于室内高级装饰材料。

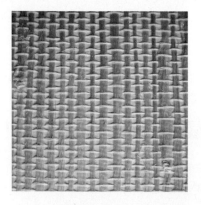

天然材料壁纸

天然材料壁纸是一种用草、麻、木材、树叶等天然植物制成的壁纸，如麻草壁纸。它以纸作为底层，编织的麻草为面层，经复合加工而成；也有用珍贵树种的木材切成薄片制成的。它具有阻燃、吸音、散潮的特点，装饰风格自然、古朴、粗犷，给人置身自然原野的美感。

金属壁布

采用现代科技将金、银、铜、不锈钢、钛等金属纤维制成壁布，线条或粗犷奔放、或繁复典雅，可在制造特殊效果的墙面时采用。

Furniture
F 家具

欧式家具

近几年来，欧式装修风格成为越来越多追求品味生活人士的选择，即便不能整体装欧式，一些家庭也喜欢选购两款带有异域风情的家具摆在家中。欧式家具是欧式古典风格装修的重要元素，以意大利、法国和西班牙风格的家具为主要代表。其延续了17～19世纪皇室贵族家具的特点，讲究手工精细的裁切雕刻，轮廓和转折部分由对称而富有节奏感的曲线或曲面构成，并装饰镀金铜饰，结构简练，线条流畅，色彩富丽，艺术感强，给人的整体感觉华贵优

雅，十分庄重。

从营造氛围的角度来讲，欧式家具要么追求庄严宏大，强调理性的和谐宁静，要么追求浪漫主义的装饰性，追求非理性的无穷幻想，富有戏剧性和激情。不管在过去还是现在，它都是高贵生活的象征。

实木家具

实木家具由于其天然环保、花纹秀丽、经久耐用等特点受到越来越多人的欢迎。实木家具的最大缺陷是易变形，所以，在购买实木家具时，一定要选择优秀厂家的产品。一些优秀厂家的产品往往对实木材料进行了严格的干燥处理，使木材含水率保持在限定范围内，这样的家具不易变形，而且售后服务有保障。另外由于含水率的变化可能导致实木家具变形，所以，在使用过程中，也要小心呵护，如不能让阳光照射，不能过冷过热，过于干燥和潮湿的环境对实木家具也不适宜。

实木家具因材料名贵、制作精致，且能保值增值，所以越来越受到消费者的欢迎。由于产品价格比较昂贵，因此了解实木家具的主要用材及制作工艺，是选购实木家具的有效方法。

注意实木家具树种标识

实木家具一般以原木为基材，国家标准规定属于实木树种的有紫檀木、花梨木、香枝木、黑酸枝木、红酸枝木、乌木、条纹乌木和鸡翅木共计8类33个树种。在选购时，首先要详细了解家具标识中用材名称和材种产地，因为实木的主要树种绝大多数是从东南亚、热带非洲和拉丁美洲进口。因此，一定要了解家具材种的名称产地，并在购买时合同或发票上注明。

注重实木家具的真实用材

实木家具的用材国家标准有严格的规定：标称全实木家具规定家具的各木质部件（镜子托板除外）均采用同一种实木类材种；标称实木家具规定产品外表目视部位均采用同一种实木类材种，内部及隐蔽处可使用其他近似的非实木类材料；标称实木面家具规定产品外表目视面可采用实木类材种实板，不外

露的木质部件采用其他非实木类材料或实木贴面夹板制成。

注意实木家具的外观质量

在选购或成品交货验收时应注意检查产品的尺寸是否符合要求；产品的艺术造型，如雕刻部位图案应清晰，层次分明，铲底应平整，光洁，无刀痕；图案花纹等对称部位应对称；产品的部件结构、板件拼缝或铆榫结合应严密牢固，无松动和裂缝；漆膜表面应平整光滑，无漏漆、色泽应均匀相似，木纹清晰无划痕等缺陷；产品的门、抽屉开启应灵活，配合间隙分缝一般在1～2毫米以内。

注意实木家具的售后服务

实木家具由于采用实木加工制作，随着使用后的环境温湿度变化，家具零部件比较容易产生自然收缩离缝等现象。因此购买时要选择有一定信誉、有产品质量保证书的厂家的产品，并注意保证书的内容规定。

水晶灯

　　富贵、豪华、大气，水晶灯向来以闪烁的光泽，玲珑的曲线，晶莹剔透的身躯，显示着18世纪欧洲宫廷贵族的奢华，很适合欧式风格的装修。如今，水晶灯的设计已突破了固有的繁缛，在造型上更加变幻多姿，在色彩上更加缤纷灿烂，在功能上也更加多样化。

　　在选购水晶灯时要注意以下几点。

千万别以为水晶灯就是水晶制作的

　　由于天然水晶往往含有横纹、絮状物等天然瑕疵，并且资源有限，所以市场上销售的水晶灯都是使用人造水晶或者工艺水晶制作而成的。因此，销售人员在向您介绍水晶灯时，您心里要明白，这是由仿水晶并非天然水晶制作的。

关注水晶的品质

　　水晶灯的价值很大程度上由水晶决定，因此需要关注水晶的品质。在选购时可观察水晶的透明度或者查看有关含铅量的数据证明（氧化铅的含量在 30%以上才能确保水晶的透明度）；触摸切面表面和切面的棱角部分看是否光滑；查看有无气泡等杂质。

观察水晶的切割面和光泽度

　　水晶的切割手法关系到水晶的制作工艺和水晶立面对于光的折射。做工精细的水晶，棱角分明、切割面光滑，如果切割面有一定厚度，那么切割线一定要笔直、均匀，不产生突兀、毛躁感；劣质水晶表面发乌、不反光，而好的水晶在光源下无论从任何角度观察，都能绽放出美丽的光彩。

Glass 玻璃

压花玻璃

压花玻璃又称花纹玻璃或滚花玻璃，是采用压延方法制造的一种平板玻璃。压花玻璃的品种有一般压花玻璃、真空镀膜压花玻璃、彩色压花玻璃等。压花玻璃的理化性能基本与普通透明平板玻璃相同，在光学上具有透光不透明的特点，可使光线柔和。其表面有各种图案花纹且表面凹凸不平，当光线通过时产生漫反射，因此从玻璃的一面看另一面时，物象模糊不清。压花玻璃由于其表面有各种花纹，所以具有一定的艺术效果。压花玻璃多用于浴室以及公共场所分离室的门窗和隔断等处，使用时应将花纹朝向室内。

热反射玻璃

热反射玻璃是有较高的热反射能力而又保持良好透光性的平板玻璃，也就是通常所说的镀膜玻璃，它通常在玻璃表面镀1～3层膜。热反射玻璃对于可见光有适当的透射率，对红外线有较高的反射率，对紫外线有较高吸收率，因此，也称为阳光控制玻璃。镀金属膜的热反射玻璃还有单向透像的作用，即白天能在室内看到室外景物，而室外看不到室内的景象，有利于营造不受打扰的老年人的居住环境。

彩绘镶嵌玻璃

彩绘镶嵌玻璃（又称彩绘玻璃）是一种高档的玻璃品种。它是用特殊颜料直接着墨于玻璃上，或者在玻璃上喷雕、镶嵌成各种图案再加上色彩制成的。可逼真地对原画复制，而且画膜附着力强，可进行擦洗。其图案丰富亮丽，可将绘画、色彩、灯光融于一体，居室中如果能恰当使用彩绘玻璃，就能较自如地创造出一种赏心悦目的氛围，增添浪漫迷人的现代情调。

精选案例

案例1

項目名称: 静月听禅满庭芳

建筑面积: 200平方米

设 计 师: 刘耀成

房　　型: 四室二厅

主　　材: 油漆、防腐木、集成吊顶、木地板、墙砖、地砖、仿古
砖、壁纸、整体橱柜等

工程造价: 18万

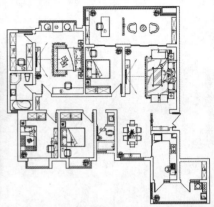

平面布置图

静月听禅满庭芳

　　蕴涵在中式家具中的古老元素似乎有着神秘的力量，投入中式家具的怀抱，总能给我们带来宁静与平和。有时不得不承认，那种内在的文化力量可以如此的深入人心。中式风格设计一直执着于博雅，我们不断地将这种传统的文化力量带入千家万户，用知性的语言带动起中式风格回归的热潮。

预算单

序号	项目	工程量	单位	单价	合价	备注
一、客厅/餐厅						
1	铲除墙皮	78.80	m²	2.00	157.60	墙皮铲除
2	墙面漆基层处理	78.80	m²	23.00	1812.40	墙皮铲除后，刷801界面剂。披刮腻子2～3遍
3	顶面漆（金牌立邦净味全效）	45.20	m²	26.00	1175.20	墙皮铲除后，刷801界面剂。披刮腻子2～3遍，乳胶漆面漆2遍
4	轻钢龙骨石膏板吊顶	21.50	m²	155.00	3332.50	轻钢龙骨框架、九厘石膏板贴面、按公司工艺施工（详见合同附件），批灰及乳胶漆、布线及灯具安装另计
5	沙发背景墙石膏板图案	14.00	m²	180.00	2520.00	石膏板图案，白色乳胶漆处理
6	白色雕刻图案	4.20	m²	320.00	1344.00	成品
7	衣帽柜	4.40	m²	500.00	2200.00	木工板基层。澳松板白色混油饰面
8	走廊造型	3.36	m²	220.00	739.20	木龙骨基层，石膏板饰面
9	入户门+套	1.00	套	1800.00	1800.00	实木复合门
10	电视柜	4.50	m	800.00	3600.00	木工板基层。澳松板白色混油饰面
二、客厅阳台						
1	铲除墙皮	11.20	m²	2.00	22.40	墙皮铲除
2	墙面漆基层处理	11.20	m²	23.00	257.60	墙皮铲除后，刷801界面剂。披刮腻子2～3遍
3	顶面漆（金牌立邦净味全效）	21.00	m²	26.00	546.00	墙皮铲除后，刷801界面剂。披刮腻子2～3遍，乳胶漆面漆2遍
4	推拉门套	15.40	m²	135.00	2079.00	木工板基层。澳松板白色混油饰面

5	书柜	4.80	m²	500.00	2400.00	木工板基层。澳松板白色混油饰面
6	储物柜	6.00	m²	500.00	3000.00	木工板基层。澳松板白色混油饰面
7	隔断	5.50	m²	280.00	1540.00	木工板基层，澳松板白色混油饰面，成品白色雕刻图案
8	防腐木	26.00	m²	320.00	8320.00	
三、主卧室						
1	铲除墙皮	45.40	m²	2.00	90.80	墙皮铲除
2	墙面漆（金牌立邦净味全效）	45.40	m²	26.00	1180.40	墙皮铲除后，刷801界面剂。披刮腻子2～3遍，乳胶漆面漆2遍
3	顶面漆（立邦净味超白）	20.00	m²	26.00	520.00	墙皮铲除后，刷801界面剂。披刮腻子2～3遍，乳胶漆面漆2遍
4	轻钢龙骨石膏板吊顶	10.50	m²	155.00	1627.50	轻钢龙骨框架、九厘石膏板贴面、按公司工艺施工（详见合同附件），批灰及乳胶漆、布线及灯具安装另计
5	衣橱柜体	8.40	m²	600.00	5040.00	1.大芯板基层澳松板饰面着白色混油 2.背板九厘板贴波音软片
6	床头背景墙	9.80	m²	180.00	1764.00	轻钢龙骨骨架，石膏板饰面
7	实木复合门	1.00	套	1800.00	1800.00	实木复合门
四、主卧衣帽间						
1	铲除墙皮	3.20	m²	2.00	6.40	墙皮铲除
2	墙面漆（金牌立邦净味全效）	3.20	m²	26.00	83.20	墙皮铲除后，刷801界面剂。披刮腻子2～3遍，乳胶漆面漆2遍
3	顶面漆（立邦净味超白）	7.20	m²	26.00	187.20	墙皮铲除后，刷801界面剂。披刮腻子2～3遍，乳胶漆面漆2遍

4	衣橱柜体	13.80	m²	600.00	8280.00	1.大芯板基层澳松板饰面着白色混油 2.背板九厘板贴波音软片
5	实木复合门	1.00	套	1800.00	1800.00	实木复合门

五、主卧卫生间

1	集成吊顶	5.80	m²	180.00	1044.00	轻钢龙骨骨架，铝扣板封面
2	实木复合门	1.00	套	1800.00	1800.00	成品

六、次卧室1

1	铲除墙皮	42.30	m²	2.00	84.60	墙皮铲除
2	墙面漆（金牌立邦净味全效）	42.30	m²	26.00	1099.80	墙皮铲除后，刷801界面剂。披刮腻子2~3遍，乳胶漆面漆2遍
3	顶面漆（立邦净味超白）	14.10	m²	26.00	366.60	墙皮铲除后，刷801界面剂。披刮腻子2~3遍，乳胶漆面漆2遍
4	轻钢龙骨石膏板吊顶	2.90	m²	155.00	449.50	轻钢龙骨框架、九厘石膏板贴面、按公司工艺施工（详见合同附件），批灰及乳胶漆、布线及灯具安装另计
5	衣橱柜体	5.60	m²	600.00	3360.00	1.大芯板基层澳松板饰面着白色混油 2.背板九厘板贴波音软片
6	隔板造型	1.00	项	1500.00	1500.00	大芯板基层澳松板饰面着白色混油
7	实木复合门	1.00	套	1800.00	1800.00	实木复合门

七、次卧室2

1	铲除墙皮	38.50	m²	2.00	77.00	墙皮铲除
2	墙面漆基层处理	38.50	m²	23.00	885.50	墙皮铲除后，刷801界面剂。披刮腻子2~3遍
3	顶面漆（立邦净味超白）	13.40	m²	26.00	348.40	墙皮铲除后，刷801界面剂。披刮腻子2~3遍，乳胶漆面漆2遍

4	轻钢龙骨石膏板吊顶	2.30	m²	155.00	356.50	轻钢龙骨框架、九厘石膏板贴面、按公司工艺施工（详见合同附件），批灰及乳胶漆、布线及灯具安装另计
5	衣橱柜体	5.60	m²	600.00	3360.00	1.大芯板基层澳松板饰面着白色混油 2.背板九厘板贴波音软片
6	实木复合门	1.00	套	1800.00	1800.00	实木复合门

八、次卧室3

1	铲除墙皮	36.20	m²	2.00	72.40	墙皮铲除
2	墙面漆（金牌立邦净味全效）	36.20	m²	26.00	941.20	墙皮铲除后，刷801界面剂。披刮腻子2～3遍，乳胶漆面漆2遍
3	顶面漆（立邦净味超白）	14.10	m²	26.00	366.60	墙皮铲除后，刷801界面剂。披刮腻子2～3遍，乳胶漆面漆2遍
4	轻钢龙骨石膏板吊顶	2.30	m²	155.00	356.50	轻钢龙骨框架、九厘石膏板贴面、按公司工艺施工（详见合同附件），批灰及乳胶漆、布线及灯具安装另计
5	衣橱柜体	5.20	m²	600.00	3120.00	1.大芯板基层澳松板饰面着白色混油 2.背板九厘板贴波音软片
6	书柜	11.20	m²	500.00	5600.00	大芯板基层澳松板饰面着白色混油
7	实木复合门	1.00	套	1800.00	1800.00	实木复合门

九、厨房

1	集成吊顶	11.00	m²	180.00	1980.00	轻钢龙骨骨架，铝扣板封面
2	推拉门套	6.80	m²	135.00	918.00	木工板基层。澳松板白色混油饰面

十、卫生间

1	集成吊顶	5.20	m²	180.00	936.00	轻钢龙骨骨架，铝扣板封面
2	实木复合门	1.00	套	1800.00	1800.00	成品
	合计：				95448.00	

十一、其他

1	安装灯具	1.00	项	300.00	300.00	仅安装费用不含灯具（甲供灯具）
2	垃圾清运	1.00	项	300.00	300.00	运到物业指定地点（不包含外运）
3	电路改造	1.00	项	2000.00	2000.00	不含开关、插座、灯具等
4	水路改造	1.00	项	1500.00	1500.00	
5	防水	1.00	项	2200.00	2200.00	
	小计				6300.00	
工程管理费+设计费：（元）					11454.00	施工费合计×12%
工程直接费用合计：（元）					113202.00	
				主材		
1	木地板	68.80	m²	155.00	10664.00	
2	卧室地面找平	68.80	m²	26.00	1788.80	人工+水泥沙子
3	踢脚线	55.00	m	20.00	1100.00	
4	阳台地砖	9.80	m²	90.00	882.00	
5	人工+辅料	9.80	m²	45.00	441.00	
6	阳台墙砖	15.60	m²	90.00	1404.00	
7	人工+辅料	15.60	m²	45.00	702.00	
8	卫生间地砖	10.50	m²	90.00	945.00	
9	人工+辅料	10.50	m²	45.00	472.50	
10	卫生间墙砖	58.30	m²	90.00	5247.00	

11	人工+辅料	58.30	m²	45.00	2623.50	
12	厨房地砖	7.60	m²	90.00	684.00	
13	人工+辅料	7.60	m²	45.00	342.00	
14	厨房墙砖	32.48	m²	90.00	2923.20	
15	人工+辅料	32.48	m²	45.00	1461.60	
16	整体橱柜（地柜）	5.00	m	1200.00	6000.00	成品
17	整体橱柜（吊柜）	4.00	m	600.00	2400.00	成品
18	壁纸	25.00	卷	200.00	5000.00	成品
19	壁纸人工+辅料	25.00	卷	40.00	1000.00	成品
20	推拉门	18.60	m²	360.00	6696.00	成品
21	仿古砖	45.20	m²	160.00	7232.00	成品
22	仿古砖铺装人工+辅料	45.20	m²	45.00	2034.00	成品
	小计				62042.60	
主材代购费：（元）					3102.00	主材总价×5%
工程总造价：（元）					65145.00	
最后工程合计总造价：（元）					178346.00	

注意事项

温馨提示	1. 为了维护您的利益,请您不要接受任何的口头承诺。 2. 计算乳胶漆面积和墙砖面积时,门窗洞口面积减半计算,以上墙漆报价不含特殊墙面处理。 3. 实际发生项目若与报价单不符,一切以实际发生为准。 4. 水电施工按实际发生计算（算在增减项内）。电路改造：明走管18元/米；砖墙暗走管26元/米；混凝土暗走管32元/米。水路改造：PPR明走管65元/米；暗走管80元/米。新开槽布底盒4元/个,原有底盒更换2元/个（西蒙）。水电路工程不打折。

案例2

项目名称： 写意生活

建筑面积： 380平方米

设 计 师： 衡颂恒

房　　型： 别墅

主　　材： 油漆、镜框、车边银镜、木地板、墙砖、地砖、仿古砖、楼梯、大理石、整体橱柜等

工程造价： 20万

写意生活

　　本案的设计无论是整体还是局部，都精雕细琢，设计方案准确地把握了居住环境的功能性，同时又从风格上展现出了主人的魅力。整体色调看起来明亮、大气、无论是家具还是配饰均典雅、唯美。整个空间给人展现出一种开放、宽容的非凡气度。

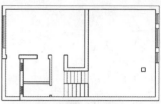

地下室原始平面图

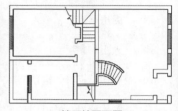

一楼原始平面图

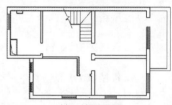

二楼原始平面图

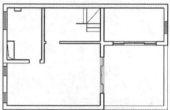

三楼原始平面图

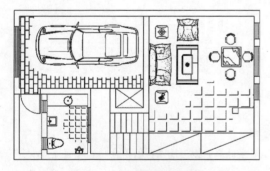

地下室、车库更改平面布置图

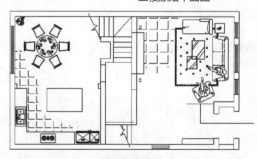

一楼平面布置图

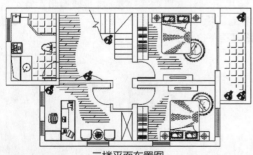

二楼平面布置图

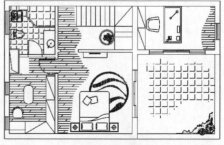

三楼平面布置图

序号	项目	工程量	单位	单价	合价	备注
	预算单					
一、地下车库						
1	铲除墙皮	125.00	m²	2.00	250.00	墙皮铲除
2	墙面漆（金牌立邦净味全效）	125.00	m²	26.00	3250.00	墙皮铲除后，刷801界面剂。披刮腻子2～3遍
3	顶面漆（金牌立邦净味全效）	56.60	m²	26.00	1471.60	墙皮铲除后，刷801界面剂。披刮腻子2～3遍，乳胶漆面漆2遍
4	轻钢龙骨石膏板吊顶	5.60	m²	155.00	868.00	轻钢龙骨框架、九厘石膏板贴面、按公司工艺施工（详见合同附件），批灰及乳胶漆、布线及灯具安装另计
5	推拉门套	6.00	m	135.00	810.00	木工板基层。澳松板白色混油饰面
6	实木复合门	1.00	套	1800.00	1800.00	实木复合门
二、一层客厅						
1	铲除墙皮	87.00	m²	2.00	174.00	墙皮铲除
2	墙面漆（金牌立邦净味全效）	87.00	m²	26.00	2262.00	墙皮铲除后，刷801界面剂。披刮腻子2～3遍
3	顶面漆（金牌立邦净味全效）	29.00	m²	26.00	754.00	墙皮铲除后，刷801界面剂。披刮腻子2～3遍，乳胶漆面漆2遍
4	轻钢龙骨石膏板吊顶	29.00	m²	155.00	4495.00	轻钢龙骨框架、九厘石膏板贴面、按公司工艺施工（详见合同附件），批灰及乳胶漆、布线及灯具安装另计
5	镜框线	8.60	m	60.00	516.00	成品
6	车边镜片	5.20	m²	180.00	936.00	成品

7	实木复合门	1.00	套	1800.00	1800.00	实木复合门
8	铁艺	1.00	项	1200.00	1200.00	成品
三、一层餐厅						
1	铲除墙皮	14.20	m²	2.00	28.40	墙皮铲除
2	墙面漆（金牌立邦净味全效）	14.20	m²	26.00	369.20	墙皮铲除后，刷801界面剂。披刮腻子2～3遍，乳胶漆面漆2遍
3	顶面漆（立邦净味超白）	29.50	m²	26.00	767.00	墙皮铲除后，刷801界面剂。披刮腻子2～3遍，乳胶漆面漆2遍
4	轻钢龙骨石膏板吊顶	5.60	m²	155.00	868.00	轻钢龙骨框架、九厘石膏板贴面、按公司工艺施工（详见合同附件），批灰及乳胶漆、布线及灯具安装另计
5	实木复合门	1.00	套	1800.00	1800.00	实木复合门
四、一层厨房						
1	集成吊顶	11.80	m²	180.00	2124.00	轻钢龙骨骨架，铝扣板封面
2	推拉门套	8.90	m	135.00	1201.50	木工板基层。澳松板白色混油饰面
五、二层活动间						
1	铲除墙皮	44.30	m²	2.00	88.60	墙皮铲除
2	墙面漆（金牌立邦净味全效）	44.30	m²	26.00	1151.80	墙皮铲除后，刷801界面剂。披刮腻子2～3遍，乳胶漆面漆2遍
3	顶面漆（立邦净味超白）	13.90	m²	26.00	361.40	墙皮铲除后，刷801界面剂。披刮腻子2～3遍，乳胶漆面漆2遍
六、二层卫生间						
1	集成吊顶	7.60	m²	180.00	1368.00	轻钢龙骨骨架，铝扣板封面

2	实木复合门	1.00	套	1800.00	1800.00	成品
七、二层主卧室						
1	铲除墙皮	38.40	m²	2.00	76.80	墙皮铲除
2	墙面漆（金牌立邦净味全效）	38.40	m²	26.00	998.40	墙皮铲除后，刷801界面剂。披刮腻子2~3遍，乳胶漆面漆2遍
3	顶面漆（立邦净味超白）	13.10	m²	26.00	340.60	墙皮铲除后，刷801界面剂。披刮腻子2~3遍，乳胶漆面漆2遍
4	衣橱柜体	6.10	m²	600.00	3660.00	1.大芯板基层澳松板饰面着白色混油 2.背板九厘板贴波音软片
5	实木复合门	1.00	套	1800.00	1800.00	实木复合门
八、二层主卧室阳台						
1	铲除墙皮	24.30	m²	2.00	48.60	墙皮铲除
2	墙面漆（金牌立邦净味全效）	24.30	m²	26.00	631.80	墙皮铲除后，刷801界面剂。披刮腻子2~3遍，乳胶漆面漆2遍
3	顶面漆（立邦净味超白）	5.60	m²	26.00	145.60	墙皮铲除后，刷801界面剂。披刮腻子2~3遍，乳胶漆面漆2遍
4	推拉门套	6.80	m	135.00	918.00	木工板基层。澳松板白色混油饰面
九、二层次卧室						
1	铲除墙皮	33.00	m²	2.00	66.00	墙皮铲除
2	墙面漆（金牌立邦净味全效）	33.00	m²	23.00	759.00	墙皮铲除后，刷801界面剂。披刮腻子2~3遍，乳胶漆面漆2遍
3	顶面漆（立邦净味超白）	10.70	m²	26.00	278.20	墙皮铲除后，刷801界面剂。披刮腻子2~3遍，乳胶漆面漆2遍

4	衣橱柜体	5.60	m²	600.00	3360.00	1.大芯板基层澳松板饰面着白色混油 2.背板九厘板贴波音软片
5	实木复合门	1.00	套	1800.00	1800.00	实木复合门

十、二层书房

1	铲除墙皮	38.10	m²	2.00	76.20	墙皮铲除
2	墙面漆（金牌立邦净味全效）	38.10	m²	26.00	990.60	墙皮铲除后，刷801界面剂。披刮腻子2～3遍，乳胶漆面漆2遍
3	顶面漆（立邦净味超白）	11.20	m²	26.00	291.20	墙皮铲除后，刷801界面剂。披刮腻子2～3遍，乳胶漆面漆2遍
4	书柜	4.10	m²	500.00	2050.00	大芯板基层澳松板饰面着白色混油
5	实木复合门	1.00	套	1800.00	1800.00	实木复合门

十一、三层活动间

1	铲除墙皮	30.80	m²	2.00	61.60	墙皮铲除
2	墙面漆（金牌立邦净味全效）	30.80	m²	26.00	800.80	墙皮铲除后，刷801界面剂。披刮腻子2～3遍，乳胶漆面漆2遍
3	顶面漆（立邦净味超白）	8.00	m²	26.00	208.00	墙皮铲除后，刷801界面剂。披刮腻子2～3遍，乳胶漆面漆2遍

十二、三层主卧室

1	铲除墙皮	39.20	m²	2.00	78.40	墙皮铲除
2	墙面漆（金牌立邦净味全效）	39.20	m²	26.00	1019.20	墙皮铲除后，刷801界面剂。披刮腻子2～3遍，乳胶漆面漆2遍
3	顶面漆（立邦净味超白）	15.10	m²	26.00	392.60	墙皮铲除后，刷801界面剂。披刮腻子2～3遍，乳胶漆面漆2遍

4	实木复合门	1.00	套	1800.00	1800.00	实木复合门
5	推拉门套	7.00	m	135.00	945.00	木工板基层。澳松板白色混油饰面

十三、三层衣帽间

1	铲除墙皮	19.00	m²	2.00	38.00	墙皮铲除
2	墙面漆（金牌立邦净味全效）	19.00	m²	23.00	437.00	墙皮铲除后，刷801界面剂。披刮腻子2～3遍，乳胶漆面漆2遍
3	顶面漆（立邦净味超白）	8.70	m²	26.00	226.20	墙皮铲除后，刷801界面剂。披刮腻子2～3遍，乳胶漆面漆2遍
4	衣橱柜体	14.28	m²	600.00	8568.00	1.大芯板基层澳松板饰面着白色混油 2.背板九厘板贴波音软片
5	实木复合门	1.00	套	1800.00	1800.00	实木复合门

十四、三层书房

1	铲除墙皮	28.00	m²	2.00	56.00	墙皮铲除
2	墙面漆（金牌立邦净味全效）	28.00	m²	26.00	728.00	墙皮铲除后，刷801界面剂。披刮腻子2～3遍，乳胶漆面漆2遍
3	顶面漆（立邦净味超白）	8.40	m²	26.00	218.40	墙皮铲除后，刷801界面剂。披刮腻子2～3遍，乳胶漆面漆2遍
4	书柜	5.10	m²	500.00	2550.00	大芯板基层澳松板饰面着白色混油
5	推拉门套	7.60	m	135.00	1026.00	木工板基层。澳松板白色混油饰面

十五、三层卫生间

1	集成吊顶	5.50	m²	180.00	990.00	轻钢龙骨骨架，铝扣板封面
2	实木复合门	1.00	套	1800.00	1800.00	成品
	合计：				76348.70	

十六、其他					
1	安装灯具	1.00	项	300.00	300.00	仅安装费用不含灯具（甲供灯具）
2	垃圾清运	1.00	项	300.00	300.00	运到物业指定地点（不包含外运）
3	电路改造	1.00	项	2000.00	2000.00	不含开关、插座、灯具等
4	水路改造	1.00	项	1500.00	1500.00	
5	防水	1.00	项	2200.00	2200.00	
	小计				6300.00	
工程管理费+设计费：（元）					9162.00	施工费合计成×12%
工程直接费用合计：（元）					91811.00	
主材						
1	木地板	80.80	m²	155.00	12524.00	
2	卧室地面找平	80.80	m²	26.00	2100.80	人工+水泥沙子
3	踢脚线	68.00	m	20.00	1360.00	
4	阳台地砖	20.90	m²	90.00	1881.00	
5	人工+辅料	20.90	m²	45.00	940.50	
6	阳台墙砖	24.00	m²	90.00	2160.00	
7	人工+辅料	24.00	m²	45.00	1080.00	
8	卫生间地砖	18.40	m²	90.00	1656.00	
9	人工+辅料	18.40	m²	45.00	828.00	
10	卫生间墙砖	80.00	m²	90.00	7200.00	
11	人工+辅料	80.00	m²	45.00	3600.00	
12	厨房地砖	11.70	m²	90.00	1053.00	
13	人工+辅料	11.70	m²	45.00	526.50	

14	厨房墙砖	33.00	m²	90.00	2970.00	
15	人工+辅料	33.00	m²	45.00	1485.00	
16	整体橱柜（地柜）	5.10	m	1200.00	6120.00	
17	整体橱柜（吊柜）	5.10	m	600.00	3060.00	
18	壁纸	7.00	卷	200.00	1400.00	
19	壁纸人工+辅料	7.00	卷	40.00	280.00	
20	推拉门	20.10	m²	360.00	7236.00	
21	仿古砖	128.00	m²	160.00	20480.00	
22	仿古砖铺装人工+辅料	128.00	m²	45.00	5760.00	
23	楼梯大理石	24.00	m²	380.00	9120.00	
24	大理石铺装人工+辅料	24.00	m²	65.00	1560.00	
25	楼梯扶手	12.00	m	360.00	4320.00	
	小计				100700.80	
主材代购费：（元）					5035.00	主材总价×5%
工程总造价：（元）					105736.00	
最后工程合计总造价：（元）					197546.00	

注意事项

温馨 提示	1.为了维护您的利益，请您不要接受任何的口头承诺。 2.计算乳胶漆面积和墙砖面积时，门窗洞口面积减半计算，以上墙漆报价不含特殊墙面处理。 3.实际发生项目若与报价单不符，一切以实际发生为准。 4.水电施工按实际发生计算（算在增减项内）。电路改造：明走管18元/米；砖墙暗走管26元/米；混凝土暗走管32元/米。水路改造：PPR明走管65元/米；暗走管80元/米。新开槽布底盒4元/个，原有底盒更换2元/个（西蒙）。水电路工程不打折。

案例3

项目名称：向阳花苑

建筑面积：400平方米

设 计 师：陈建华

房　　型：别墅

主　　材：油漆、电动卷帘门、木地板、墙砖、地砖、壁纸、楼梯、
整体橱柜等

工程造价：29万

设计说明 Explanation

向阳花苑

　　业主酷爱中国风情。建材、家具、软装饰都围绕这一中心，采用原木、仿石材、透明玻璃、棉布为基本装饰材料，舍弃浮华，推崇素色，达成自然纯真之美。

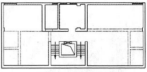

地下室原始平面图

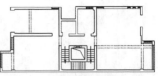

一楼原始平面图

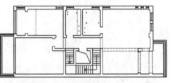

二楼原始平面图

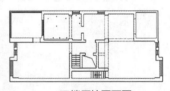

三楼原始平面图

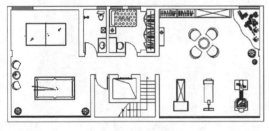

地下室平面布置图

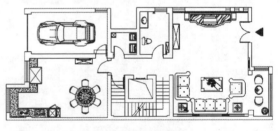

一楼平面布置图

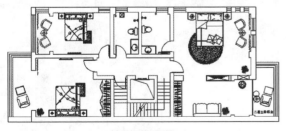

二楼平面布置图

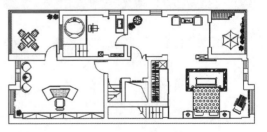

三楼平面布置图

序号	项目	工程量	单位	单价	合价	备注

<table>

预算单

序号	项目	工程量	单位	单价	合价	备注
一、一层客厅/餐厅						
1	铲除墙皮	115.00	m²	2.00	230.00	墙皮铲除
2	墙面漆（金牌立邦净味全效）	115.00	m²	26.00	2990.00	墙皮铲除后，刷801界面剂。披刮腻子2～3遍。乳胶漆面漆2遍
3	顶面漆（金牌立邦净味全效）	79.00	m²	26.00	2054.00	墙皮铲除后，刷801界面剂。披刮腻子2～3遍。乳胶漆面漆2遍
4	轻钢龙骨石膏板吊顶	46.30	m²	220.00	10186.00	轻钢龙骨框架、九厘石膏板贴面、按公司工艺施工（详见合同附件），批灰及乳胶漆、布线及灯具安装另计
5	电视墙	14.30	m²	560.00	8008.00	
6	景观	1.00	项	2500.00	2500.00	
7	入户门+套	1.00	套	1800.00	1800.00	实木复合门
二、一层卧室						
1	铲除墙皮	46.00	m²	2.00	92.00	墙皮铲除
2	墙面基层处理	46.00	m²	26.00	1196.00	墙皮铲除后，刷801界面剂。披刮腻子2～3遍
3	顶面漆（立邦净味超白）	16.60	m²	26.00	431.60	墙皮铲除后，刷801界面剂。披刮腻子2～3遍，乳胶漆面漆2遍
4	轻钢龙骨石膏板吊顶	8.00	m²	155.00	1240.00	轻钢龙骨框架、九厘石膏板贴面、按公司工艺施工（详见合同附件），批灰及乳胶漆、布线及灯具安装另计
5	床头背景墙	8.90	m²	280.00	2492.00	
6	电视墙	5.80	m²	450.00	2610.00	
7	衣橱柜体	5.60	m²	600.00	3360.00	1.大芯板基层澳松板饰面着白色混油 2.背板九厘板贴波音软片
8	实木复合门	1.00	套	1800.00	1800.00	实木复合门
三、一层卧室卫生间						
1	集成吊顶	4.40	m²	180.00	792.00	轻钢龙骨骨架，铝扣板封面

</table>

2	实木复合门	1.00	套	1800.00	1800.00	实木复合门
四、一层车库						
1	铲除墙皮	52.00	m²	2.00	104.00	墙皮铲除
2	墙面漆（金牌立邦净味全效）	52.00	m²	26.00	1352.00	墙皮铲除后，刷801界面剂。披刮腻子2～3遍，乳胶漆面漆2遍
3	顶面漆（立邦净味超白）	36.00	m²	26.00	936.00	墙皮铲除后，刷801界面剂。披刮腻子2～3遍，乳胶漆面漆2遍
4	轻钢龙骨石膏板吊顶	6.50	m²	155.00	1007.50	轻钢龙骨框架、九厘石膏板贴面、按公司工艺施工（详见合同附件），批灰及乳胶漆、布线及灯具安装另计
5	柜子	11.70	m	560.00	6552.00	1.大芯板基层澳松板饰面着白色混油2.背板九厘板贴波音软片
6	电动卷帘门	1.00	套	5500.00	5500.00	
7	实木复合门	1.00	套	1800.00	1800.00	实木复合门
五、一层厨房						
1	集成吊顶	7.10	m²	180.00	1278.00	轻钢龙骨骨架，铝扣板封面
2	推拉门套	6.20	m	135.00	837.00	木工板基层。澳松板白色混油饰面
六、一层卫生间						
1	轻钢龙骨石膏板吊顶	4.90	m²	155.00	759.50	轻钢龙骨骨架，铝扣板封面
2	实木复合门	1.00	套	1800.00	1800.00	成品
七、二层主卧室						
1	铲除墙皮	45.50	m²	2.00	91.00	墙皮铲除
2	墙面基层处理	45.50	m²	26.00	1183.00	墙皮铲除后，刷801界面剂。披刮腻子2～3遍
3	顶面漆（立邦净味超白）	21.70	m²	26.00	564.20	墙皮铲除后，刷801界面剂。披刮腻子2～3遍，乳胶漆面漆2遍
4	轻钢龙骨石膏板吊顶	17.20	m²	155.00	2666.00	轻钢龙骨框架、九厘石膏板贴面、按公司工艺施工（详见合同附件），批灰及乳胶漆、布线及灯具安装另计
5	床头背景墙	7.80	m²	380.00	2964.00	

6	电视墙	5.80	m²	220.00	1276.00	
7	衣橱柜体	5.60	m²	600.00	3360.00	1.大芯板基层澳松板饰面着白色混油 2.背板九厘板贴波音软片
8	实木复合门	1.00	套	1800.00	1800.00	实木复合门

八、一层卧室卫生间

1	集成吊顶	7.50	m²	180.00	1350.00	轻钢龙骨骨架，铝扣板封面
2	实木复合门	1.00	套	1800.00	1800.00	实木复合门

九、二层次卧室1

1	铲除墙皮	45.50	m²	2.00	91.00	墙皮铲除
2	墙面基层处理	45.50	m²	26.00	1183.00	墙皮铲除后，刷801界面剂。披刮腻子2～3遍
3	顶面漆（立邦净味超白）	17.00	m²	26.00	442.00	墙皮铲除后，刷801界面剂。披刮腻子2～3遍，乳胶漆面漆2遍
4	轻钢龙骨石膏板吊顶	17.00	m²	155.00	2635.00	轻钢龙骨框架、九厘石膏板贴面、按公司工艺施工（详见合同附件），批灰及乳胶漆、布线及灯具安装另计
5	床头背景墙	9.40	m²	380.00	3572.00	
6	电视墙	1.00	项	1280.00	1280.00	
7	衣橱柜体	5.60	m²	600.00	3360.00	1.大芯板基层澳松板饰面着白色混油 2.背板九厘板贴波音软片.
8	实木复合门	1.00	套	1800.00	1800.00	实木复合门

十、二层次卧室卫生间

1	集成吊顶	3.60	m²	180.00	648.00	轻钢龙骨骨架，铝扣板封面
2	实木复合门	1.00	套	1800.00	1800.00	实木复合门

十一、二层次卧室2

1	铲除墙皮	38.00	m²	2.00	76.00	墙皮铲除
2	墙面基层处理	38.00	m²	26.00	988.00	墙皮铲除后，刷801界面剂。披刮腻子2～3遍
3	顶面漆（立邦净味超白）	15.00	m²	26.00	390.00	墙皮铲除后，刷801界面剂。披刮腻子2～3遍，乳胶漆面漆2遍

4	轻钢龙骨石膏板吊顶	15.00	m²	155.00	2325.00	轻钢龙骨框架、九厘石膏板贴面、按公司工艺施工（详见合同附件），批灰及乳胶漆、布线及灯具安装另计
5	床头背景墙	8.20	m²	380.00	3116.00	
6	电视墙	1.00	项	800.00	800.00	
7	衣橱柜体	5.60	m²	600.00	3360.00	1.大芯板基层澳松板饰面着白色混油 2.背板九厘板贴波音软片
8	实木复合门	1.00	套	1800.00	1800.00	实木复合门

十二、二层儿童房

1	铲除墙皮	39.20	m²	2.00	78.40	墙皮铲除
2	墙面基层处理	39.20	m²	26.00	1019.20	墙皮铲除后，刷801界面剂。披刮腻子2～3遍
3	顶面漆（立邦净味超白）	16.00	m²	26.00	416.00	墙皮铲除后，刷801界面剂。披刮腻子2～3遍，乳胶漆面漆2遍
4	轻钢龙骨石膏板吊顶	13.20	m²	155.00	2046.00	轻钢龙骨框架、九厘石膏板贴面、按公司工艺施工（详见合同附件），批灰及乳胶漆、布线及灯具安装另计
5	衣橱柜体	7.90	m²	600.00	4740.00	
6	实木复合门	1.00	套	1800.00	1800.00	实木复合门

十三、二层书房

1	铲除墙皮	30.80	m²	2.00	61.60	墙皮铲除
2	墙面基层处理	30.80	m²	26.00	800.80	墙皮铲除后，刷801界面剂。披刮腻子2-3遍
3	顶面漆（立邦净味超白）	12.30	m²	26.00	319.80	墙皮铲除后，刷801界面剂。披刮腻子2-3遍，乳胶漆面漆2遍
4	轻钢龙骨石膏板吊顶	12.30	m²	155.00	1906.50	轻钢龙骨框架、九厘石膏板贴面、按公司工艺施工（详见合同附件），批灰及乳胶漆、布线及灯具安装另计
5	书柜	5.20	m²	600.00	3120.00	1.大芯板基层澳松板饰面着白色混油 2.背板九厘板贴波音软片
6	实木复合门	1.00	套	1800.00	1800.00	实木复合门

十四、二层储藏室					
1	铲除墙皮	13.00	m²	2.00	26.00	墙皮铲除
2	墙面基层处理	13.00	m²	26.00	338.00	墙皮铲除后，刷801界面剂。披刮腻子2~3遍
3	顶面漆（立邦净味超白）	5.20	m²	26.00	135.20	墙皮铲除后，刷801界面剂。披刮腻子2~3遍，乳胶漆面漆2遍
4	轻钢龙骨石膏板吊顶	5.20	m²	155.00	806.00	轻钢龙骨框架、九厘石膏板贴面、按公司工艺施工（详见合同附件），批灰及乳胶漆、布线及灯具安装另计
5	储藏柜	11.20	m²	600.00	6720.00	
6	实木复合门	1.00	套	1800.00	1800.00	实木复合门

十五、二层走道					
1	铲除墙皮	62.00	m²	2.00	124.00	墙皮铲除
2	墙面基层处理	62.00	m²	26.00	1612.00	墙皮铲除后，刷801界面剂。披刮腻子2~3遍
3	顶面漆（立邦净味超白）	19.00	m²	26.00	494.00	墙皮铲除后，刷801界面剂。披刮腻子2~3遍，乳胶漆面漆2遍
4	轻钢龙骨石膏板吊顶	19.00	m²	155.00	2945.00	轻钢龙骨框架、九厘石膏板贴面、按公司工艺施工（详见合同附件），批灰及乳胶漆、布线及灯具安装另计
5	墙面造型	1.00	项	2600.00	2600.00	

十六、二层卫生间					
1	集成吊顶	3.90	m²	180.00	702.00	轻钢龙骨骨架，铝扣板封面
2	实木复合门	1.00	套	1800.00	1800.00	实木复合门
	合计：				150438.30	

十七、其他					
1	安装灯具	1.00	项	300.00	300.00	仅安装费用不含灯具（甲供灯具）
2	垃圾清运	1.00	项	300.00	300.00	运到物业指定地点（不包含外运）
3	电路改造	1.00	项	2000.00	2000.00	不含开关、插座、灯具等

4	水路改造	1.00	项	1500.00	1500.00	
5	防水	1.00	项	2200.00	2200.00	
	小计				6300.00	
工程管理费+设计费：(元)					18053.00	施工费合计×12％
工程直接费用合计：(元)					174791.00	
主材						
1	木地板	142.00	m²	155.00	22010.00	
2	卧室地面找平	142.00	m²	26.00	3692.00	人工+水泥沙子
3	踢脚线	118.00	m	20.00	2360.00	
4	阳台地砖	21.00	m²	90.00	1890.00	
5	人工+辅料	21.00	m²	45.00	945.00	
6	阳台墙砖	14.50	m²	90.00	1305.00	
7	人工+辅料	14.50	m²	45.00	652.50	
8	卫生间地砖	25.00	m²	90.00	2250.00	
9	人工+辅料	25.00	m²	45.00	1125.00	
10	卫生间墙砖	92.00	m²	90.00	8280.00	
11	人工+辅料	92.00	m²	45.00	4140.00	
12	厨房地砖	8.00	m²	90.00	720.00	
13	人工+辅料	8.00	m²	45.00	360.00	
14	厨房墙砖	28.00	m²	90.00	2520.00	
15	人工+辅料	28.00	m²	45.00	1260.00	
16	整体橱柜（地柜）	5.40	m	1200.00	6480.00	成品
17	整体橱柜（吊柜）	4.20	m	600.00	2520.00	成品
18	壁纸	22.00	卷	200.00	4400.00	成品
19	壁纸人工+辅料	22.00	卷	40.00	880.00	成品
20	推拉门	7.80	m²	360.00	2808.00	成品

21	艺术地砖	120.00	m²	220.00	26400.00	成品
22	人工+辅料	120.00	m²	45.00	5400.00	成品
23	楼梯扶手	9.00	m	660.00	5940.00	
	小计				108337.50	
主材代购费：（元）					5416.88	主材总价×5%
工程总造价：（元）					113754.38	
最后工程合计总造价：（元）					288545.38	
注意事项						

温馨提示	1.为了维护您的利益,请您不要接受任何的口头承诺。 2.计算乳胶漆面积和墙砖面积时,门窗洞口面积减半计算,以上墙漆报价不含特殊墙面处理。 3.实际发生项目若与报价单不符,一切以实际发生为准。 4.水电施工按实际发生计算（算在增减项内）。电路改造：明走管18元/米；砖墙暗走管26元/米；混凝土暗走管32元/米。水路改造：PPR明走管65元/米；暗走管80元/米。新开槽布底盒4元/个，原有底盒更换2元/个（西蒙）。水电路工程不打折。

案例4

项目名称：新主义
建筑面积：170平方米
设 计 师：由伟壮
房　　型：三室二厅
主　　材：油漆、玻璃、木地板、墙砖、地砖、壁纸、整体橱柜等
工程造价：12.3万

设计说明 Explanation

新主义

通过冷与暖、曲与直、粗与细、大与小、坚硬与柔和的对比，显得空间的优雅和自由并存。品质不是靠丰富的物质所堆积的，它是无声的、是看不见的，如清新的空气、适宜的风速……

原始平面图

平面布置图

序号	项目	工程量	单位	单价	合价	备注
一、客厅/餐厅						
1	铲除墙皮	81.20	m²	2.00	162.40	墙皮铲除
2	墙面漆（金牌立邦净味全效）	81.20	m²	26.00	2111.20	墙皮铲除后，刷801界面剂。披刮腻子2～3遍。乳胶漆面漆2遍
3	顶面漆（金牌立邦净味全效）	46.30	m²	26.00	1203.80	墙皮铲除后，刷801界面剂。披刮腻子2～3遍，乳胶漆面漆2遍
4	轻钢龙骨石膏板吊顶	24.30	m²	155.00	3766.50	轻钢龙骨框架、九厘石膏板贴面、按公司工艺施工（详见合同附件），批灰及乳胶漆、布线及灯具安装另计
5	酒柜	7.90	m²	500.00	3950.00	木工板基层，澳松板白色混油饰面
6	入户门+套	1.00	套	1800.00	1800.00	实木复合门
7	电视墙	11.40	m²	300.00	3420.00	
二、客厅阳台						
1	铲除墙皮	14.50	m²	2.00	29.00	墙皮铲除
2	墙面漆（金牌立邦净味全效）	14.50	m²	26.00	377.00	墙皮铲除后，刷801界面剂。披刮腻子2～3遍。乳胶漆面漆2遍
3	顶面漆（金牌立邦净味全效）	17.30	m²	26.00	449.80	墙皮铲除后，刷801界面剂。披刮腻子2～3遍，乳胶漆面漆2遍
4	推拉门套	15.40	m²	135.00	2079.00	木工板基层，澳松板白色混油饰面
三、主卧室						
1	铲除墙皮	46.40	m²	2.00	92.80	墙皮铲除
2	墙面漆（金牌立邦净味全效）	46.40	m²	26.00	1206.40	墙皮铲除后，刷801界面剂。披刮腻子2～3遍，乳胶漆面漆2遍
3	顶面漆（立邦净味超白）	18.90	m²	26.00	491.40	墙皮铲除后，刷801界面剂。披刮腻子2～3遍，乳胶漆面漆2遍

预算单

4	轻钢龙骨石膏板吊顶	12.50	m²	155.00	1937.50	轻钢龙骨框架、九厘石膏板贴面、按公司工艺施工（详见合同附件），批灰及乳胶漆、布线及灯具安装另计
5	衣橱柜体	4.50	m²	600.00	2700.00	1.大芯板基层澳松板饰面着白色混油 2.背板九厘板贴波音软片
6	实木复合门	1.00	套	1800.00	1800.00	实木复合门
四、主卧卫生间						
1	集成吊顶	4.80	m²	180.00	864.00	轻钢龙骨骨架，铝扣板封面
2	隔断	7.80	m²	320.00	2496.00	
3	玻璃门	1.00	套	1200.00	1200.00	成品
五、次卧室1						
1	铲除墙皮	36.10	m²	2.00	72.20	墙皮铲除
2	墙面漆（金牌立邦净味全效）	36.10	m²	26.00	938.60	墙皮铲除后，刷801界面剂。披刮腻子2~3遍，乳胶漆面漆2遍
3	顶面漆（立邦净味超白）	13.80	m²	26.00	358.80	墙皮铲除后，刷801界面剂。披刮腻子2~3遍，乳胶漆面漆2遍
4	轻钢龙骨石膏板吊顶	13.80	m²	155.00	2139.00	轻钢龙骨框架、九厘石膏板贴面、按公司工艺施工（详见合同附件），批灰及乳胶漆、布线及灯具安装另计
5	衣橱柜体	5.60	m²	600.00	3360.00	1.大芯板基层澳松板饰面着白色混油 2.背板九厘板贴波音软片
6	实木复合门	1.00	套	1800.00	1800.00	实木复合门
六、次卧室2						
1	铲除墙皮	41.60	m²	2.00	83.20	墙皮铲除
2	墙面漆基层处理	41.60	m²	23.00	956.80	墙皮铲除后，刷801界面剂。披刮腻子2~3遍

3	顶面漆（立邦净味超白）	16.80	m²	26.00	436.80	墙皮铲除后，刷801界面剂。披刮腻子2～3遍，乳胶漆面漆2遍
4	轻钢龙骨石膏板吊顶	12.40	m²	155.00	1922.00	轻钢龙骨框架、九厘石膏板贴面、按公司工艺施工（详见合同附件），批灰及乳胶漆、布线及灯具安装另计
5	衣橱柜体	5.60	m²	600.00	3360.00	1.大芯板基层澳松板饰面着白色混油 2.背板九厘板贴波音软片
6	地台	5.60	m²	220.00	1232.00	木工板框架
7	实木复合门	1.00	套	1800.00	1800.00	实木复合门
七、厨房						
1	集成吊顶	6.40	m²	180.00	1152.00	轻钢龙骨骨架，铝扣板封面
2	实木复合门	1.00	套	1800.00	1800.00	实木复合门
八、北阳台						
1	集成吊顶	6.80	m²	180.00	1224.00	轻钢龙骨骨架，铝扣板封面
2	推拉门套	6.20	m	135.00	837.00	木工板基层。澳松板白色混油饰面
九、卫生间						
1	集成吊顶	5.70	m²	180.00	1026.00	轻钢龙骨骨架，铝扣板封面
2	实木复合门	1.00	套	1800.00	1800.00	成品
	合计：				58435.20	
十、其他						
1	安装灯具	1.00	项	300.00	300.00	仅安装费用不含灯具（甲供灯具）
2	垃圾清运	1.00	项	300.00	300.00	运到物业指定地点（不包含外运）
3	电路改造	1.00	项	2000.00	2000.00	不含开关、插座、灯具等

4	水路改造	1.00	项	1500.00	1500.00	
5	防水	1.00	项	2200.00	2200.00	
	小计				6300.00	
工程管理费+设计费：（元）					7012.00	施工费合计×12%
工程直接费用合计：（元）					71747.00	
主材						
1	木地板	95.80	m²	155.00	14849.00	
2	卧室地面找平	95.80	m²	26.00	2490.80	人工+水泥沙子
3	踢脚线	68.00	m	20.00	1360.00	
4	阳台地砖	6.80	m²	90.00	612.00	
5	人工+辅料	6.80	m²	45.00	306.00	
6	阳台墙砖	16.80	m²	90.00	1512.00	
7	人工+辅料	16.80	m²	45.00	756.00	
8	卫生间地砖	10.60	m²	90.00	954.00	
9	人工+辅料	10.60	m²	45.00	477.00	
10	卫生间墙砖	42.00	m²	90.00	3780.00	
11	人工+辅料	42.00	m²	45.00	1890.00	
12	厨房地砖	6.40	m²	90.00	576.00	
13	人工+辅料	6.40	m²	45.00	288.00	
14	厨房墙砖	28.00	m²	90.00	2520.00	
15	人工+辅料	28.00	m²	45.00	1260.00	

16	整体橱柜（地柜）	4.80	m	1200.00	5760.00	成品
17	整体橱柜（吊柜）	4.80	m	600.00	2880.00	成品
18	壁纸	3.00	卷	200.00	600.00	成品
19	壁纸人工+辅料	3.00	卷	40.00	120.00	成品
20	推拉门	16.70	m²	360.00	6012.00	成品
	小计				49002.80	
主材代购费：（元）					2450.00	主材总价×5%
工程总造价：（元）					51453.00	
最后工程合计总造价：（元）					123200.00	
	注意事项					
温馨提示	1.为了维护您的利益,请您不要接受任何的口头承诺。 2.计算乳胶漆面积和墙砖面积时,门窗洞口面积减半计算，以上墙漆报价不含特殊墙面处理。 3.实际发生项目若与报价单不符,一切以实际发生为准。 4.水电施工按实际发生计算（算在增减项内）。电路改造：明走管18元/米；砖墙暗走管26元/米；混凝土暗走管32元/米。水路改造：PPR明走管65元/米；暗走管80元/米。新开槽布底盒4元/个，原有底盒更换2元/个（西蒙）。水电路工程不打折。					

案例5

项目名称： 低调的奢华

建筑面积： 260平方米

设 计 师： 由伟壮

房　　型： 复式

主　　材： 油漆、博古架、电动卷帘门、木地板、墙砖、地砖、壁纸、楼梯、整体
橱柜等

工程造价： 31.4万

设计说明 Explanation

低调的奢华

　　告别喧嚣的城市和繁忙的工作，追寻一个温馨而舒适的环境。整个设计方案以人性化为主，空间的布置多采用对称式的布局方式，格调高雅，造型简朴优美，色彩浓重而成熟。

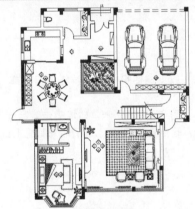

一楼平面布置图

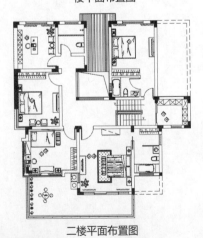

二楼平面布置图

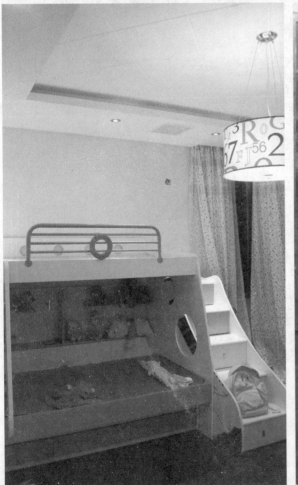

预算单

序号	项目	工程量	单位	单价	合价	备注
一、一层客厅/餐厅						
1	铲除墙皮	123.00	m²	2.00	246.00	墙皮铲除
2	墙面漆（金牌立邦净味全效）	123.00	m²	26.00	3198.00	墙皮铲除后，刷801界面剂。披刮腻子2～3遍。乳胶漆面漆2遍
3	顶面漆（金牌立邦净味全效）	79.00	m²	26.00	2054.00	墙皮铲除后，刷801界面剂。披刮腻子2～3遍，乳胶漆面漆2遍
4	轻钢龙骨石膏板吊顶	46.30	m²	220.00	10186.00	轻钢龙骨框架、九厘石膏板贴面、按公司工艺施工（详见合同附件），批灰及乳胶漆、布线及灯具安装另计
5	沙发背景墙	14.30	m²	460.00	6578.00	

6	电视墙	14.30	m²	560.00	8008.00	
7	客厅窗户雕刻	18.20	m²	320.00	5824.00	
8	客厅博古架	9.00	m²	480.00	4320.00	
9	餐厅酒柜	8.90	m²	480.00	4272.00	
10	餐厅墙面造型	7.80	m²	360.00	2808.00	
11	景观	1.00	项	3600.00	3600.00	
12	入户门+套	1.00	套	1800.00	1800.00	实木复合门
二、一层卧室						
1	铲除墙皮	46.00	m²	2.00	92.00	墙皮铲除
2	墙面基层处理	46.00	m²	26.00	1196.00	墙皮铲除后，刷801界面剂。披刮腻子2～3遍
3	顶面漆（立邦净味超白）	16.60	m²	26.00	431.60	墙皮铲除后，刷801界面剂。披刮腻子2～3遍，乳胶漆面漆2遍
4	轻钢龙骨石膏板吊顶	8.00	m²	155.00	1240.00	轻钢龙骨框架、九厘石膏板贴面、按公司工艺施工（详见合同附件），批灰及乳胶漆、布线及灯具安装另计
5	床头背景墙	8.90	m²	280.00	2492.00	
6	电视墙	5.80	m²	450.00	2610.00	
7	衣橱柜体	5.60	m²	600.00	3360.00	1.大芯板基层澳松板饰面着白色混油 2.背板九厘板贴波音软片
8	实木复合门	1.00	套	1800.00	1800.00	实木复合门
三、一层卧室卫生间						
1	集成吊顶	4.40	m²	180.00	792.00	轻钢龙骨骨架，铝扣板封面
2	实木复合门	1.00	套	1800.00	1800.00	实木复合门
四、一层车库						
1	铲除墙皮	52.00	m²	2.00	104.00	墙皮铲除
2	墙面漆（金牌立邦净味全效）	52.00	m²	26.00	1352.00	墙皮铲除后，刷801界面剂。披刮腻子2～3遍，乳胶漆面漆2遍

3	顶面漆（立邦净味超白）	36.00	m²	26.00	936.00	墙皮铲除后，刷801界面剂。披刮腻子2~3遍，乳胶漆面漆2遍
4	轻钢龙骨石膏板吊顶	6.50	m²	155.00	1007.50	轻钢龙骨框架、九厘石膏板贴面、按公司工艺施工（详见合同附件），批灰及乳胶漆、布线及灯具安装另计
5	柜子	11.70	m	560.00	6552.00	1.大芯板基层澳松板饰面着白色混油 2.背板九厘板贴波音软片
6	电动卷帘门	1.00	套	5500.00	5500.00	
7	实木复合门	1.00	套	1800.00	1800.00	实木复合门

五、一层厨房

1	集成吊顶	7.10	m²	180.00	1278.00	轻钢龙骨骨架，铝扣板封面
2	推拉门套	6.20	m	135.00	837.00	木工板基层。澳松板白色混油饰面

六、一层卫生间

1	轻钢龙骨石膏板吊顶	4.90	m²	155.00	759.50	轻钢龙骨骨架，铝扣板封面
2	实木复合门	1.00	套	1800.00	1800.00	成品

七、二层主卧室

1	铲除墙皮	45.50	m²	2.00	91.00	墙皮铲除
2	墙面基层处理	45.50	m²	26.00	1183.00	墙皮铲除后，刷801界面剂。披刮腻子2~3遍。
3	顶面漆（立邦净味超白）	21.70	m²	26.00	564.20	墙皮铲除后，刷801界面剂。披刮腻子2~3遍，乳胶漆面漆2遍
4	轻钢龙骨石膏板吊顶	17.20	m²	155.00	2666.00	轻钢龙骨框架、九厘石膏板贴面、按公司工艺施工（详见合同附件），批灰及乳胶漆、布线及灯具安装另计
5	床头背景墙	7.80	m²	380.00	2964.00	
6	电视墙	5.80	m²	220.00	1276.00	
7	衣橱柜体	5.60	m²	600.00	3360.00	1.大芯板基层澳松板饰面着白色混油 2.背板九厘板贴波音软片
8	实木复合门	1.00	套	1800.00	1800.00	实木复合门

八、一层卧室卫生间						
1	集成吊顶	7.50	m²	180.00	1350.00	轻钢龙骨骨架，铝扣板封面
2	实木复合门	1.00	套	1800.00	1800.00	实木复合门
九、二层次卧室1						
1	铲除墙皮	45.50	m²	2.00	91.00	墙皮铲除
2	墙面基层处理	45.50	m²	26.00	1183.00	墙皮铲除后，刷801界面剂。披刮腻子2～3遍
3	顶面漆（立邦净味超白）	17.00	m²	26.00	442.00	墙皮铲除后，刷801界面剂。披刮腻子2～3遍，乳胶漆面漆2遍
4	轻钢龙骨石膏板吊顶	17.00	m²	155.00	2635.00	轻钢龙骨框架、九厘石膏板贴面、按公司工艺施工（详见合同附件），批灰及乳胶漆、布线及灯具安装另计
5	床头背景墙	9.40	m²	380.00	3572.00	
6	电视墙	1.00	项	1280.00	1280.00	
7	衣橱柜体	5.60	m²	600.00	3360.00	1.大芯板基层澳松板饰面着白色混油 2.背板九厘板贴波音软片
8	实木复合门	1.00	套	1800.00	1800.00	实木复合门
十、二层次卧室卫生间						
1	集成吊顶	3.60	m²	180.00	648.00	轻钢龙骨骨架，铝扣板封面
2	实木复合门	1.00	套	1800.00	1800.00	实木复合门
十一、二层次卧室2						
1	铲除墙皮	38.00	m²	2.00	76.00	墙皮铲除
2	墙面基层处理	38.00	m²	26.00	988.00	墙皮铲除后，刷801界面剂。披刮腻子2～3遍
3	顶面漆（立邦净味超白）	15.00	m²	26.00	390.00	墙皮铲除后，刷801界面剂。披刮腻子2～3遍，乳胶漆面漆2遍
4	轻钢龙骨石膏板吊顶	15.00	m²	155.00	2325.00	轻钢龙骨框架、九厘石膏板贴面、按公司工艺施工（详见合同附件），批灰及乳胶漆、布线及灯具安装另计

5	床头背景墙	8.20	m²	380.00	3116.00	
6	电视墙	1.00	项	800.00	800.00	
7	衣橱柜体	5.60	m²	600.00	3360.00	1.大芯板基层澳松板饰面着白色混油 2.背板九厘板贴波音软片
8	实木复合门	1.00	套	1800.00	1800.00	实木复合门

十二、二层儿童房

1	铲除墙皮	39.20	m²	2.00	78.40	墙皮铲除
2	墙面基层处理	39.20	m²	26.00	1019.20	墙皮铲除后，刷801界面剂。披刮腻子2～3遍
3	顶面漆（立邦净味超白）	16.00	m²	26.00	416.00	墙皮铲除后，刷801界面剂。披刮腻子2～3遍，乳胶漆面漆2遍
4	轻钢龙骨石膏板吊顶	13.20	m²	155.00	2046.00	轻钢龙骨框架、九厘石膏板贴面、按公司工艺施工（详见合同附件），批灰及乳胶漆、布线及灯具安装另计
5	衣橱柜体	7.90	m²	600.00	4740.00	
6	实木复合门	1.00	套	1800.00	1800.00	实木复合门

十三、二层书房

1	铲除墙皮	30.80	m²	2.00	61.60	墙皮铲除
2	墙面基层处理	30.80	m²	26.00	800.80	墙皮铲除后，刷801界面剂。披刮腻子2～3遍
3	顶面漆（立邦净味超白）	12.30	m²	26.00	319.80	墙皮铲除后，刷801界面剂。披刮腻子2～3遍，乳胶漆面漆2遍
4	轻钢龙骨石膏板吊顶	12.30	m²	155.00	1906.50	轻钢龙骨框架、九厘石膏板贴面、按公司工艺施工（详见合同附件），批灰及乳胶漆、布线及灯具安装另计
5	书柜	5.20	m²	600.00	3120.00	1.大芯板基层澳松板饰面着白色混油 2.背板九厘板贴波音软片
6	实木复合门	1.00	套	1800.00	1800.00	实木复合门

十四、二层储藏室						
1	铲除墙皮	13.00	m²	2.00	26.00	墙皮铲除
2	墙面基层处理	13.00	m²	26.00	338.00	墙皮铲除后，刷801界面剂。披刮腻子2～3遍
3	顶面漆（立邦净味超白）	5.20	m²	26.00	135.20	墙皮铲除后，刷801界面剂。披刮腻子2～3遍，乳胶漆面漆2遍
4	轻钢龙骨石膏板吊顶	5.20	m²	155.00	806.00	轻钢龙骨框架、九厘石膏板贴面、按公司工艺施工（详见合同附件），批灰及乳胶漆、布线及灯具安装另计
5	储藏柜	11.20	m²	600.00	6720.00	
6	实木复合门	1.00	套	1800.00	1800.00	实木复合门
十五、二层走廊						
1	铲除墙皮	62.00	m²	2.00	124.00	墙皮铲除
2	墙面基层处理	62.00	m²	26.00	1612.00	墙皮铲除后，刷801界面剂。披刮腻子2～3遍
3	顶面漆（立邦净味超白）	19.00	m²	26.00	494.00	墙皮铲除后，刷801界面剂。披刮腻子2～3遍，乳胶漆面漆2遍
4	轻钢龙骨石膏板吊顶	19.00	m²	155.00	2945.00	轻钢龙骨框架、九厘石膏板贴面、按公司工艺施工（详见合同附件），批灰及乳胶漆、布线及灯具安装另计
5	墙面造型	1.00	项	2600.00	2600.00	
十六、二层卫生间						
1	集成吊顶	3.90	m²	180.00	702.00	轻钢龙骨骨架，铝扣板封面
2	实木复合门	1.00	套	1800.00	1800.00	实木复合门
	合计：				175564.30	
十七、其他						
1	安装灯具	1.00	项	300.00	300.00	仅安装费用不含灯具（甲供灯具）
2	垃圾清运	1.00	项	300.00	300.00	运到物业指定地点（不包含外运）

3	电路改造	1.00	项	2000.00	2000.00	不含开关、插座、灯具等
4	水路改造	1.00	项	1500.00	1500.00	
5	防水	1.00	项	2200.00	2200.00	
	小计				6300.00	
工程管理费+设计费：(元)					21068.00	施工费合计×12%
工程直接费用合计：(元)					202932.00	
主材						
1	木地板	142.00	m²	155.00	22010.00	
2	卧室地面找平	142.00	m²	26.00	3692.00	人工+水泥沙子
3	踢脚线	118.00	m	20.00	2360.00	
4	阳台地砖	21.00	m²	90.00	1890.00	
5	人工+辅料	21.00	m²	45.00	945.00	
6	阳台墙砖	14.50	m²	90.00	1305.00	
7	人工+辅料	14.50	m²	45.00	652.50	
8	卫生间地砖	25.00	m²	90.00	2250.00	
9	人工+辅料	25.00	m²	45.00	1125.00	
10	卫生间墙砖	92.00	m²	90.00	8280.00	
11	人工+辅料	92.00	m²	45.00	4140.00	
12	厨房地砖	8.00	m²	90.00	720.00	
13	人工+辅料	8.00	m²	45.00	360.00	
14	厨房墙砖	28.00	m²	90.00	2520.00	
15	人工+辅料	28.00	m²	45.00	1260.00	
16	整体橱柜（地柜）	5.40	m	1200.00	6480.00	成品
17	整体橱柜（吊柜）	4.20	m	600.00	2520.00	成品

18	壁纸	12.00	卷	200.00	2400.00	成品
19	壁纸人工+辅料	12.00	卷	40.00	480.00	成品
20	推拉门	7.80	m²	360.00	2808.00	成品
21	艺术地砖	120.00	m²	220.00	26400.00	成品
22	人工+辅料	120.00	m²	45.00	5400.00	成品
23	楼梯扶手	9.00	m	660.00	5940.00	
	小计				105937.50	
主材代购费：（元）					5297.00	主材总价×5％
工程总造价：（元）					111234.00	
最后工程合计总造价：（元）					314166.00	

注意事项

温馨提示	1.为了维护您的利益，请您不要接受任何的口头承诺。 2.计算乳胶漆面积和墙砖面积时，门窗洞口面积减半计算，以上墙漆报价不含特殊墙面处理。 3.实际发生项目若与报价单不符，一切以实际发生为准。 4.水电施工按实际发生计算（算在增减项内）。电路改造：明走管18元/米；砖墙暗走管26元/米；混凝土暗走管32元/米。水路改造：PPR明走管65元/米；暗走管80元/米。新开槽布底盒4元/个，原有底盒更换2元/个（西蒙）。水电路工程不打折。

案例6

项目名称: 浪漫终点站

建筑面积: 160平方米

设 计 师: 由伟壮

房 型: 复式

主 材: 油漆、木地板、墙砖、地砖、仿古
砖、壁纸、楼梯、整体橱柜等

工程造价: 17.3万

设计说明 Explanation

浪漫终点站

　　女主人擅长健身、瑜伽。本案运用异国浪漫情怀，结合泰式、现代以及波西米亚的手法混搭而成。整体以暖色为主,以浅色点缀其中的浪漫音符。随着瑜伽音乐由内而外散发的情感,抒发着对生活的美好憧憬。

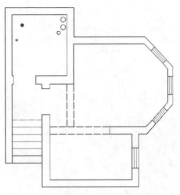

原始平面图

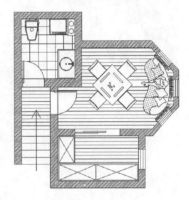

平面布置图

原始平面图

平面布置图

预算单

序号	项目	工程量	单位	单价	合价	备注
一、客厅/餐厅						
1	铲除墙皮	115.00	m²	2.00	230.00	墙皮铲除
2	墙面漆（金牌立邦净味全效）	115.00	m²	26.00	2990.00	墙皮铲除后，刷801界面剂。披刮腻子2～3遍。乳胶漆面漆2遍
3	顶面漆（金牌立邦净味全效）	46.30	m²	26.00	1203.80	墙皮铲除后，刷801界面剂。披刮腻子2～3遍。乳胶漆面漆2遍
4	轻钢龙骨石膏板吊顶	46.30	m²	155.00	7176.50	轻钢龙骨框架、九厘石膏板贴面、按公司工艺施工（详见合同附件），批灰及乳胶漆、布线及灯具安装另计
5	沙发背景墙	13.40	m²	380.00	5092.00	木工板基层。软包玻璃造型
6	地柜	5.20	m	560.00	2912.00	木工板基层。澳松板白色混油饰面
7	电视墙	16.30	m²	660.00	10758.00	
8	垭口套造型	1.00	项	1400.00	1400.00	石膏板饰面，黄色乳胶漆
9	餐厅墙面造型	7.20	m²	360.00	2592.00	石膏板收口条，贴壁纸
10	入户门+套	1.00	套	1800.00	1800.00	实木复合门
二、主卧室						
1	铲除墙皮	56.00	m²	2.00	112.00	墙皮铲除
2	墙面基层处理	56.00	m²	26.00	1456.00	墙皮铲除后，刷801界面剂。披刮腻子2～3遍
3	顶面漆（立邦净味超白）	21.80	m²	26.00	566.80	墙皮铲除后，刷801界面剂。披刮腻子2～3遍，乳胶漆面漆2遍
4	轻钢龙骨石膏板吊顶	21.80	m²	155.00	3379.00	轻钢龙骨框架、九厘石膏板贴面、按公司工艺施工（详见合同附件），批灰及乳胶漆、布线及灯具安装另计
5	地柜	4.20	m	560.00	2352.00	1.大芯板基层澳松板饰面着白色混油 2.背板九厘板贴波音软片
6	衣橱柜体	7.20	m²	600.00	4320.00	1.大芯板基层澳松板饰面着白色混油 2.背板九厘板贴波音软片

7	实木复合门	1.00	套	1800.00	1800.00	实木复合门
三、主卧卫生间						
1	集成吊顶	5.20	m²	180.00	936.00	轻钢龙骨骨架，铝扣板封面
2	实木复合门	1.00	套	1800.00	1800.00	实木复合门
四、次卧室						
1	铲除墙皮	38.40	m²	2.00	76.80	墙皮铲除
2	墙面漆（金牌立邦净味全效）	38.40	m²	26.00	998.40	墙皮铲除后，刷801界面剂。披刮腻子2～3遍，乳胶漆面漆2遍
3	顶面漆（立邦净味超白）	14.30	m²	26.00	371.80	墙皮铲除后，刷801界面剂。披刮腻子2～3遍，乳胶漆面漆2遍
4	轻钢龙骨石膏板吊顶	14.40	m²	155.00	2232.00	轻钢龙骨框架、九厘石膏板贴面、按公司工艺施工（详见合同附件），批灰及乳胶漆、布线及灯具安装另计
5	哑口套造型	1.00	项	600.00	600.00	石膏板饰面，黄色乳胶漆
6	地柜	1.50	m	560.00	840.00	1.大芯板基层澳松板饰面着白色混油 2.背板九厘板贴波音软片
7	衣橱柜体	3.36	m²	600.00	2016.00	1.大芯板基层澳松板饰面着白色混油 2.背板九厘板贴波音软片
8	实木复合门	1.00	套	1800.00	1800.00	实木复合门
五、次卧室阳台						
1	铲除墙皮	16.50	m²	2.00	33.00	墙皮铲除
2	墙面漆（金牌立邦净味全效）	16.50	m²	26.00	429.00	墙皮铲除后，刷801界面剂。披刮腻子2～3遍，乳胶漆面漆2遍
3	顶面漆（立邦净味超白）	3.40	m²	26.00	88.40	墙皮铲除后，刷801界面剂。披刮腻子2～3遍，乳胶漆面漆2遍
六、书房						
1	铲除墙皮	27.80	m²	2.00	55.60	墙皮铲除
2	墙面漆基层处理	27.80	m²	23.00	639.40	墙皮铲除后，刷801界面剂。披刮腻子2～3遍
3	顶面漆（立邦净味超白）	8.40	m²	26.00	218.40	墙皮铲除后，刷801界面剂。披刮腻子2～3遍，乳胶漆面漆2遍

4	轻钢龙骨石膏板吊顶	8.40	m²	155.00	1302.00	轻钢龙骨框架、九厘石膏板贴面、按公司工艺施工（详见合同附件），批灰及乳胶漆、布线及灯具安装另计
5	书柜	5.70	m²	600.00	3420.00	1.大芯板基层澳松板饰面着白色混油
6	实木复合门	1.00	套	1800.00	1800.00	实木复合门
七、厨房						
1	集成吊顶	6.90	m²	180.00	1242.00	轻钢龙骨骨架，铝扣板封面
2	推拉门套	6.20	m	135.00	837.00	木工板基层，澳松板白色混油饰面
八、卫生间						
1	集成吊顶	4.40	m²	180.00	792.00	轻钢龙骨骨架，铝扣板封面
2	实木复合门	1.00	套	1800.00	1800.00	成品
九、地下活动间/储藏室						
1	铲除墙皮	27.80	m²	2.00	55.60	墙皮铲除
2	墙面漆（立邦净味超白）	61.00	m²	23.00	1403.00	墙皮铲除后，刷801界面剂。披刮腻子2～3遍。乳胶漆面漆2遍
3	顶面漆（立邦净味超白）	17.40	m²	26.00	452.40	墙皮铲除后，刷801界面剂。披刮腻子2～3遍，乳胶漆面漆2遍
4	储藏柜	10.36	m²	600.00	6216.00	大芯板基层澳松板饰面着白色混油
5	推拉门套	6.40	m	135.00	864.00	木工板基层，澳松板白色混油饰面
6	实木复合门	1.00	套	1800.00	1800.00	实木复合门
十、卫生间						
1	集成吊顶	3.80	m²	180.00	684.00	轻钢龙骨骨架，铝扣板封面
2	实木复合门	1.00	套	1800.00	1800.00	成品
	合计：				87742.90	
十一、其他						
1	安装灯具	1.00	项	300.00	300.00	仅安装费用不含灯具（甲供灯具）

2	垃圾清运	1.00	项	300.00	300.00	运到物业指定地点（不包含外运）
3	电路改造	1.00	项	2000.00	2000.00	不含开关、插座、灯具等
4	水路改造	1.00	项	1500.00	1500.00	
5	防水	1.00	项	2200.00	2200.00	
	小计				6300.00	
工程管理费+设计费：(元)					10529.00	施工费合计×12％
工程直接费用合计：(元)					104572.00	
主材						
1	木地板	69.00	m²	155.00	10695.00	
2	卧室地面找平	69.00	m²	26.00	1794.00	人工+水泥沙子
3	踢脚线	86.00	m	20.00	1720.00	
4	阳台地砖	3.00	m²	90.00	270.00	
5	人工+辅料	3.00	m²	45.00	135.00	
6	阳台墙砖	14.50	m²	90.00	1305.00	
7	人工+辅料	14.50	m²	45.00	652.50	
8	卫生间地砖	13.60	m²	90.00	1224.00	
9	人工+辅料	13.60	m²	45.00	612.00	
10	卫生间墙砖	71.00	m²	90.00	6390.00	
11	人工+辅料	71.00	m²	45.00	3195.00	
12	厨房地砖	7.00	m²	90.00	630.00	
13	人工+辅料	7.00	m²	45.00	315.00	
14	厨房墙砖	28.00	m²	90.00	2520.00	
15	人工+辅料	28.00	m²	45.00	1260.00	
16	整体橱柜（地柜）	4.80	m	1200.00	5760.00	成品
17	整体橱柜（吊柜）	3.40	m	600.00	2040.00	成品
18	壁纸	15.00	卷	200.00	3000.00	成品

19	壁纸人工+辅料	15.00	卷	40.00	600.00	成品
20	推拉门	11.00	m²	360.00	3960.00	成品
21	艺术地砖	46.30	m²	220.00	10186.00	成品
22	人工+辅料	46.30	m²	45.00	2083.50	
23	楼梯扶手	8.00	m	660.00	5280.00	
	小计				65627.00	
主材代购费：（元）					3281.00	主材总价×5%
工程总造价：（元）					68908.00	
最后工程合计总造价：（元）					173480.00	
注意事项						
温馨提示	1.为了维护您的利益,请您不要接受任何的口头承诺。 2.计算乳胶漆面积和墙砖面积时,门窗洞口面积减半计算,以上墙漆报价不含特殊墙面处理。 3.实际发生项目若与报价单不符,一切以实际发生为准。 4.水电施工按实际发生计算（算在增减项内）。电路改造：明走管18元/米；砖墙暗走管26元/米；混凝土暗走管32元/米。水路改造：PPR明走管65元/米；暗走管80元/米。新开槽布底盒4元/个,原有底盒更换2元/个（西蒙）。水电路工程不打折。					